《城镇燃气工程施工手册》

编委会

主　任　吴正亚

委　员　李　永　　赵　霞　　王聿法　　张仁晟
　　　　张家安　　王成庆　　马　赛　　周贵明
　　　　李　升

编写组

主　编　　吴正亚

副主编　　张景龙

编　委　　张　奎　　钟剑昆　　杨海华　　潘孝满
　　　　　杨　浩　　吴瑞祥　　闫运丰　　储　强
　　　　　汪志府　　王寿超　　汤培然　　钱　阳
　　　　　徐　波　　程坤坤　　黄　龙

城镇燃气
工程施工手册

主编　吴正亚

中国科学技术大学出版社

内容简介

燃气工程施工企业和人员必须了解并学习燃气基本常识、主要工艺和相关工程技术。本书包括绪论、施工管理、工程常见通病及其防范、工程常用配件及附属设备和附录五个部分,以国家技术标准、规范为依据,广泛吸取了燃气行业实践经验和最新理论研究成果,对燃气行业新技术、新材料、新设备、新工艺作了介绍。

本书兼具实用性和通俗性,适用于广大燃气行业管理部门工作人员、专业技术人员和施工作业人员,对燃气行业从业人员职业技能培训和燃气施工基本知识的普及具有重要的参考价值。

图书在版编目(CIP)数据

城镇燃气工程施工手册/吴正亚主编. —合肥:中国科学技术大学出版社,2016.8
ISBN 978-7-312-04000-9

Ⅰ.城… Ⅱ.吴… Ⅲ.城市燃气—市政工程—工程施工—技术手册
Ⅳ.TU996-62

中国版本图书馆 CIP 数据核字(2016)第 165212 号

出版	中国科学技术大学出版社
	安徽省合肥市金寨路 96 号,230026
	网址:http://press.ustc.edu.cn
印刷	合肥市宏基印刷有限公司
发行	中国科学技术大学出版社
经销	全国新华书店
开本	710 mm×1000 mm 1/16
印张	17
字数	343 千
版次	2016 年 8 月第 1 版
印次	2016 年 8 月第 1 次印刷
定价	56.00 元

序　言

为适应经济发展和应对气候变化,清洁的、高热值的天然气能源正日益受到世界各国的高度重视,发展天然气工业已经成为改善环境和促进经济可持续发展的最佳选择。我国天然气事业正处于大发展时期。随着西气东输、川气东送、海气登陆、引进LNG工程,以及俄气南下等一系列大项目的建设,城市燃气市场发展很快,用气人口持续增长,用气范围不断扩大,用气总量迅速提高,整个燃气行业呈现出一片繁荣的景象。

燃气易燃、易爆、易使人窒息,稍有不慎极易引发安全事故。因而,保证城镇燃气工程质量是燃气安全运行的重要基础,直接关系到国家财产、人民生命的安全,也是影响社会稳定和企业效益的重要因素,必须严加管控,确保工程质量。

燃气工程施工企业和人员必须了解并学习燃气基本常识、主要工艺和相关工程技术。合肥燃气集团作为一家成立三十多年的国有独资燃气企业,秉承对客户负责、对员工负责、对社会负责的信念担当,将多年积累的经验进行了总结、提炼,整理编写成《城镇燃气工程施工手册》,有助于推动企业学习型组织的建设,有助于推广行业成熟的管理经验,发挥更大的可复制的传播价值。我非常赞赏合肥燃气集团的管理层能够把企业经验变成企业资产进行管理和经营,这是睿智的选择!

《城镇燃气工程施工手册》主要包括绪论、施工管理、工程常见通病及其防范、工程常用配件及附属设备和附录五个部分。

绪论主要介绍了燃气基础知识。

施工管理部分,从施工准备、过程控制(含土方工程、管道安装、管道附属设备安装、管道吹扫与功能性试验和燃气接管施工)、安全管理和竣工验收四个部分,详细讲述了城镇燃气工程的作业工序和施工流程。通过对燃气工程的项目管理,严格控制安装流程和工序,以标准化的施工流程,适应城镇燃气工程管理模式及燃气施工点多、面广、现场复杂的特点,提高项目管理效率。同时,总结多年燃气施工经验,加强对燃气项目施工关键节点的过程管控,保障燃气项目工程顺利进行。

工程常见通病及其防范部分,通过收集燃气施工现场正面与反面的工程图片进行对比,直观地呈现燃气工程通病,使一线燃气施工人员可以快速掌握施工要领和正确做法,达到规范燃气施工作业、减少燃气工程通病的目的。

工程常用配件及附属设备部分,对燃气工程常用的工程配件实物图片、现场运用图片以及常用型号和用途进行整理汇编,通过图片形式,帮助作业班组快速熟悉和掌握燃气施工各种常用配件的用途。

附录主要是对燃气施工过程中各种常用的交底和检查表格等进行了汇总。

该书以国家技术标准、规范为依据,广泛吸取了燃气行业实践经验和最新理论研究成果,对燃气行业新技术、新材料、新设备、新工艺作了介绍。该书兼具实用性和通俗性,适用于广大燃气行业管理部门工作人员、专业技术人员和施工作业人员,对于燃气行业从业人员提升技能水平和燃气施工基础知识的普及具有重要的参考价值。

该书编写人员本着对读者负责、对燃气行业负责的态度,还参考了大量的书籍,务求做到数据可靠,内容翔实,图文并茂,通俗易懂。我相信,该书的出版发行,对提高燃气行业管理、工程施工及安全管理都有着积极的现实意义。

中国城市燃气协会理事长

2016 年 4 月 6 日于北京

目 录

序言 ·· (ⅰ)

绪论　燃气基础知识概述 ·· (1)

第一章　施工管理 ·· (4)

  第一节　施工准备 ·· (4)

    一、图纸会审 ·· (4)

    二、现场勘察 ·· (5)

    三、施工组织设计 ·· (6)

    四、技术交底 ·· (9)

    五、材料进场检验 ··· (12)

  第二节　土方工程 ··· (13)

    一、放线 ··· (14)

    二、开槽 ··· (14)

    三、回填 ··· (17)

    四、井室砌筑 ··· (21)

  第三节　管道安装 ··· (23)

    一、聚乙烯燃气管道安装 ··· (23)

    二、钢管安装 ··· (36)

    三、铸铁管安装 ·· (53)

    四、镀锌管安装 ·· (60)

    五、薄壁不锈钢管安装 ·· (68)

  第四节　管道附属设备安装 ·· (74)

    一、阀门安装 ··· (74)

    二、补偿器安装 ·· (77)

    三、调压器安装 ·· (78)

    四、流量计安装 ·· (82)

五、支、吊架安装 …………………………………………（86）

第五节　管道吹扫与功能性试验 ……………………………（87）

　　一、一般规定 ………………………………………………（87）

　　二、管道吹扫 ………………………………………………（88）

　　三、管道强度试验 …………………………………………（91）

　　四、管道严密性试验 ………………………………………（95）

第六节　燃气接管施工 ………………………………………（97）

　　一、施工准备 ………………………………………………（98）

　　二、停气接管 ………………………………………………（99）

　　三、不停气接管 ……………………………………………（101）

　　四、通气 ……………………………………………………（109）

第七节　燃气施工安全管理 …………………………………（110）

　　一、主体责任落实 …………………………………………（110）

　　二、安全生产基础管理 ……………………………………（111）

　　三、隐患排查与治理 ………………………………………（112）

　　四、作业风险管控 …………………………………………（112）

第八节　竣工验收 ……………………………………………（118）

第二章　工程常见通病及其防范 ………………………………（120）

第一节　安全与文明施工 ……………………………………（120）

第二节　土方工程 ……………………………………………（136）

第三节　安装工程 ……………………………………………（144）

　　一、聚乙烯管道安装 ………………………………………（144）

　　二、钢管安装 ………………………………………………（151）

　　三、镀锌管安装 ……………………………………………（159）

　　四、管道附属设备安装 ……………………………………（174）

第三章　工程常用配件及附属设备 ……………………………（183）

第一节　钢制配件 ……………………………………………（183）

第二节　聚乙烯配件 …………………………………………（189）

第三节　镀锌配件 ……………………………………………（193）

第四节　球墨配件 ……………………………………………（198）

第五节　不锈钢配件 …………………………………………（203）

第六节	附属设备	(206)
第七节	其他材料	(215)

附录 (220)
  附录一 牺牲阳极阴极保护 (220)
  附录二 非开挖施工 (224)
  附录三 燃气工程中常用表格 (229)

参考文献 (261)

后记 (262)

绪论　燃气基础知识概述

一、燃气简介

(一) 定义

燃气是气体燃料的总称,它能燃烧而放出热量,是一种天然或人工合成的烃类或非烃类气体的混合物,供居民生活、商业、工业企业生产、采暖通风和空调等各类用户使用。

(二) 种类

按燃气的来源,通常可以把燃气分为天然气、液化石油气和人工煤气。

1. 天然气

(1) 定义:天然气是一种主要由甲烷组成的气态化石燃料。主要存在于油田和天然气田,也有少量出产于煤层。

(2) 优点:天然气燃烧后无废渣、废水产生,相较煤炭、石油等能源有使用安全、热值高、洁净等优势。

2. 液化石油气

液化石油气是从石油加工或石油、天然气开采过程中得来的,其主要成分是丙烷、丙烯、丁烷和丁烯。

3. 人工煤气

由煤、焦炭等固体燃料或重油等液体燃料经干馏、气化或裂解等过程所制得的气体,统称为人工煤气。按照生产方法,一般可分为干馏煤气和气化煤气(发生炉煤气、水煤气、半水煤气等)。人工煤气的主要成分为烷烃、烯烃、芳烃、一氧化碳和氢等可燃气体,并含有少量的二氧化碳和氮等不可燃气体,热值为 16 000～24 000 kJ/m^3。

二、天然气简介

(一) 天然气的成分

天然气是以甲烷为主要成分的气体混合物。甲烷含量占 95% 以上,另外含有少量的乙烷、丁烷等烷烃以及二氧化碳、氧、氮、硫化氢、水分等。

(二) 天然气来源及优势

天然气直接来自矿藏中,是一种主要由甲烷组成的气态化石燃料。它是石蜡族低分子饱和烃气体和少量非烃气体的混合物。它主要存在于油田和天然气田,也有少量出于煤层。天然气燃烧后无废渣、废水产生,相较于煤炭、石油等能源有使用安全、热值高、洁净等优势。

(三) 天然气特征

(1) 密度比空气轻。如果发生泄漏,会飘浮在空中,比液化石油气易扩散,所以在安全性方面比液化石油气更好。

(2) 无毒、无味(输送中可加入特殊的介质以便泄漏时可察觉),安全燃烧需要大量的新鲜空气。$1 m^3$ 天然气燃烧需耗用 $9.52 m^3$ 的空气,同时产生 $1 m^3$ 的二氧化碳和 $2 m^3$ 的水蒸气;故在用气时亦要保持室内空气流通。

(3) 易燃、易爆。天然气和一定的空气混合后,遇到明火或达到 645 ℃ 以上温度,即刻就会燃烧;在密闭的空间中天然气的浓度只要达到 5%~15%,遇到明火或者 645 ℃ 的温度,就会发生爆炸。发生事故时后果十分严重,所以切记安全使用。

(四) 我国天然气分类

目前我国天然气按燃烧特性指标(华白数和燃烧势)分为五大类:3 T、4 T、6 T、10 T、12 T。华白数从 $12.2 MJ/m^3$ 变化到 $54.8 MJ/m^3$,燃烧势也相应地从 21 变化到 69.3。一般来说,热值越高,所属类别数越高。

三、压缩天然气

压缩天然气(Compressed Natural Gas,简称 CNG)是指加压并以气态储存在容器中的天然气,主要成分为甲烷。通常会将天然气压力由常压提升至 $100\sim250 kg/m^2$($10\sim25 MPa$)以便储存和运输。

压缩天然气是一种理想的车用替代能源,其应用技术经数十年发展已日趋成熟。它具有成本低、效益高、无污染、使用安全便捷等特点,正日益显示出强大的发展潜力。压缩天然气还能充当城市燃气的机动和补充应急气源。

四、液态天然气

液态天然气(Liquefied Natural Gas,简称LNG),是指气态天然气经过净化(脱水、脱烃、脱酸性气体)后压缩、冷却到$-162\ ℃$,天然气由气体转变为液体。液态天然气便于储存,可用专用船或油罐车运输,使用时需重新气化。其主要成分是甲烷,体积约为同质量气态天然气体积的1/600,质量仅为同体积水的45%左右。

由于天然气经过净化、冷却、分离等工艺,液态天然气中的甲烷含量大大高于管道天然气。

五、城镇燃气输送压力等级

城镇燃气管道的设计压力(P)分为7级,并应符合下表所列要求。

城镇燃气管道设计压力(表压)分级

名　　称		压力(MPa)
高压燃气管道	A	$2.5<P\leqslant4.0$
	B	$1.6<P\leqslant2.5$
次高压燃气管道	A	$0.8<P\leqslant1.6$
	B	$0.4<P\leqslant0.8$
中压燃气管道	A	$0.2<P\leqslant0.4$
	B	$0.01\leqslant P\leqslant0.2$
低压燃气管道		$P<0.01$

第一章 施 工 管 理

城镇燃气工程管道施工主要流程为：测量放线→沟槽开挖→管道安装→管道吹扫→隐蔽回填→强度和严密性试验→接管通气。燃气管道施工过程控制直接影响工程质量，必须按作业工序和关键节点严加管控，上道工序未经验收合格，不允许进入下道工序施工。

本章主要从施工准备、过程控制（含土方工程、管道安装、管道附属设备安装、管道吹扫与功能性试验和燃气接管施工）、安全管理和竣工验收四个部分详细讲述城镇燃气工程作业工序、施工流程的技术要点和质量管控措施。通过对燃气安装流程的梳理和工序把控，适应城镇燃气工程管理模式及燃气施工点多、面广、现场复杂的特点，以标准化的施工流程，提高管理效率。同时，通过总结多年燃气施工经验，对燃气项目施工关键节点进行梳理和提炼，明确施工要领，加强过程管控，保障燃气工程顺利施工。

第一节 施 工 准 备

燃气工程施工准备工作在整个施工过程中非常重要，它贯穿于整个工程的实施全过程。由于燃气工程具有安装技术要求高、户外施工难度大、自然障碍多、施工季节性强等特点，所以只有做好施工前的准备工作，才能保证施工过程的顺利进行。

一、图纸会审

图纸会审是指工程各参建单位（建设单位、设计单位、监理单位、施工单位）在收到设计单位施工设计图文件后，对图纸进行全面细致地熟悉，审查出施工图中存在的问题及不合理情况，并提交设计院进行处理的一项重要活动。图纸会审由建设单位负责组织并记录（也可请监理单位代为组织）。

通过图纸会审，可以使各参建单位特别是施工单位熟悉设计图纸，领会设计意图,掌握工程特点及难点,找出需要解决的技术难题并拟定解决方案,从而将因设计缺陷而存在的问题消灭在施工之前。

(一) 施工单位熟悉、审查施工图

(1) 审查施工图和资料是否齐全,是否符合国家相关政策、标准及有关规定的要求;审查图纸中是否存在错误和矛盾,材料表与图纸是否相符,图纸与说明是否一致;审查设计所参照执行的施工及验收标准、规程是否齐全、合理。

(2) 熟悉设计说明中有关施工区域的地质、水文等资料,审查燃气管道周围的地下构筑物、管线的位置关系。

(3) 领会设计意图,掌握设计技术要求及设计要求的施工标准、规范等。

(二) 设计单位进行设计交底

由设计人员对整个工程的设计意图进行简要介绍,提出对施工材料、施工方法与质量的要求。

(三) 施工图会审主要内容

(1) 设计资料是否与国家现行的法律法规、政策和规定相一致。

(2) 设计资料是否齐全,有无差错或矛盾之处,相关的施工标准、规范是否更新、齐全。

(3) 设计中的特殊施工方法和措施是否可行,施工中所用的特殊材料的选用以及设备的使用是否存在问题。

(4) 地下与地上管线的特殊施工,如穿越铁路、河流、公路及其他障碍的施工要求、方法以及主要设备和措施是否可行。

图纸会审由建设单位组织并记录,形成施工图会审记录,各参建单位代表签字盖章。

二、现场勘察

(一) 工作组织

由建设单位组织和协调设计单位、监理单位、施工单位等共同参加,依照施工图中的管线走向、位置进行现场勘察,明确管道位置、地上构筑物和障碍物(如树木、电线杆、桥梁等),以及其他地下管线情况,以制定合理的处理措施和拆迁任务,协调处理好各项事宜。

现场勘察完成,须及时记录现场情况,填写现场勘察记录(见附表1)。

（二）现场对接

首次勘察现场时，要与用户做好交接，告知用户燃气施工相关内容，关键节点需书面交底。同时，要核实已有地下管线、成型标高、燃气管线路由等，避免后期施工出现返工。

三、施工组织设计

施工组织设计是用来指导施工项目全过程各项活动的技术、经济和组织的综合性文件，是施工技术与施工项目管理有机结合的产物，它能保证工程开工后施工作业有序、高效、科学合理地进行。

施工组织设计是安排施工的组织方案，是指导施工的重要技术经济文件，是施工企业实行科学管理的重要依据。施工组织设计由项目负责人主持编制，经企业技术负责人、总监理工程师批准后方可实施，有变更时要及时办理变更审批。

（一）编制依据

(1) 与工程建设有关的法律、法规和文件。
(2) 国家现行有关标准和技术经济指标：
① 《城镇燃气设计规范》(GB 50028—2006)。
② 《工业金属管道工程施工规范》(GB 50235—2010)。
③ 《工业金属管道工程施工质量验收规范》(GB 50184—2011)。
④ 《现场设备、工业管道焊接工程施工规范》(GB 50236—2011)。
⑤ 《城镇燃气输配工程施工及验收规范》(CJJ 33—2005)。
⑥ 《城镇燃气室内工程施工与质量验收规范》(CJJ 94—2009)。
⑦ 《聚乙烯燃气管道工程技术规程》(CJJ 63—2008)。
⑧ 《城镇燃气埋地钢质管道腐蚀控制技术规程》(CJJ 95—2013)。
⑨ 《压力管道安全技术监察规程——工业管道》(TSG D0001—2009)。
⑩ 《压力容器压力管道设计许可规则》(TSG R1001—2008)。
⑪ 其他有关标准。
(3) 工程所在地区行政主管部门的批准文件，建设单位对施工的要求。
(4) 工程施工合同和招标投标文件。
(5) 工程设计文件。
(6) 工程施工范围内的现场条件、工程地质及水文地质、气象等自然条件。
(7) 与工程有关的资源供应情况。
(8) 施工企业的生产能力、机具设备状态、技术水平等。

(二) 编制原则

(1) 符合施工合同或招标文件中有关工程进度、质量、安全、环境保护、造价等方面要求。

(2) 积极开发、使用新技术和新工艺,推广应用新材料和新设备。

(3) 坚持科学的施工程序和合理的施工顺序,采用流水施工和网络计划等方法,科学配置资源,合理布置现场,采取季节性施工措施,实现均衡施工,达到合理的经济技术指标。

(4) 采取技术和管理措施,推广建筑节能和绿色施工。

(5) 与质量、环境和职业健康安全三个管理体系有效结合。

(三) 主要内容

1. 工程概况与特点

(1) 简要介绍拟建工程的名称、工程结构、规模、主要工程数量;工程地理位置、地形地貌、工程地质、水文等情况;建设单位及监理单位、设计单位、施工单位名称,合同开工日期和竣工日期等。

(2) 分析工程特点、施工环境、工程建设条件。

(3) 列出所需的技术规范及检验标准。要明确工程所使用的技术规范和质量检验评定标准,做好工程设计文件和图纸及作业指导书的编号。

2. 施工平面布置图

施工平面布置图是施工方案及施工进度计划在空间上的全面安排,根据施工图纸、现场勘察资料及制定的施工进度计划进行绘制。绘制时要注意涉及的施工设施和施工位置,包括材料堆放位置、施工机械和设备的摆放、临时道路、水电管线布置及临时设施等。

3. 施工部署和管理体系

(1) 施工部署包括施工阶段的区域划分与安排、施工流程(顺序)、进度计划、工种、材料、机具设备、运输计划。

(2) 管理体系包括组织结构设置、项目经理、技术负责人、施工管理负责人及各部门主要负责人等岗位职责、工作程序等,要根据具体项目的工程特点进行部署。

4. 施工方案及技术措施

(1) 施工方案是施工组织设计的核心部分,主要包括拟建工程的主要分项工程施工方法、施工机具的选择、施工顺序的确定,还包括季节性措施、四新技术措施,以及结合工程特点和由施工组织设计安排的、根据工程需要采取的相应方法与技术措施等方面的内容。

(2) 重点叙述技术难度大、工种多、机具设备配合多、经验不足的工序和关键工序或关键部位。

(3) 针对危险性较大的分部分项工程应单独编制专项施工方案,专项方案编制应当包括以下内容:

① 工程概况:危险性较大的分部分项工程概况、施工平面布置、施工要求和技术保证条件。

② 编制依据:相关法律法规、规范性文件、标准、规范及图纸、施工组织设计等。

③ 施工计划:包括施工进度计划、材料与设备计划。

④ 施工工艺技术:技术参数、工艺流程、施工方法、检查验收等。

⑤ 施工安全保证措施:组织保障、技术措施、应急预案、监测监控等。

⑥ 劳动力计划:专职安全生产管理人员、特种作业人员等。

⑦ 计算书及相关图纸。

5. 施工质量保证计划

由施工项目负责人主持编制,由项目技术负责人、质量负责人、施工生产负责人按企业规定和项目分工负责编制。主要内容包括明确质量目标、确定管理体系和组织结构、质量管理措施和质量控制流程。

6. 施工安全保证计划

施工安全保证计划是针对工程的类型和特点,依据危险源辨识、评价和控制措施策划的结果,按照法律、法规、标准、规范及其他要求,以完成预定的安全控制目标为目的,编制的系统性安全措施、资源和活动文件。主要内容包括:编制依据、项目概况、施工平面图、控制程序、组织机构、职责权限、规章制度、资源配置、安全措施、检查评价、奖惩措施等。具体为:

① 工程项目安全目标及为安全目标规定的相关部门、岗位的职责和权限。

② 危险源与环境因素识别、评价、论证的结果和相应的控制方式。

③ 适用法律、法规、标准规范和其他要求的识别结果。

④ 实施阶段有关各项要求的具体控制程序和方法。

⑤ 检查、审核、评估和改进活动的安排,以及相应的运行程序和准则。

⑥ 实施、控制和改进安全管理体系所需的资源。

⑦ 安全控制工作程序、规章制度、施工组织设计、专项施工方案、专项安全技

术措施等文件和安全记录。

7. 文明施工、环保节能降耗保证计划以及辅助、配套的施工措施

城镇燃气工程,具有与市民近距离接触的特殊性,因而必须在施工组织设计中贯彻绿色施工管理理念,详细安排好文明施工、安全施工和环境保护方面的措施,把对社会、环境的干扰和不良影响降至最低程度。

建立健全文明施工管理制度,使文明施工做到组织落实,责任落实,形成网络,并常抓不懈。

(四) 动态管理

(1) 项目施工过程中,发生以下情况之一时,施工组织设计应及时进行修改或补充:
① 工程设计有重大修改。
② 有关法律、法规、规范和标准实施、修订和废止。
③ 主要施工方法有重大调整。
④ 主要施工资源配置有重大调整。
⑤ 施工环境有重大改变。
(2) 经修改或补充的施工组织设计应重新审批后实施。
(3) 项目施工前应进行施工组织设计逐项交底;项目施工过程中,应对施工组织设计的执行情况进行检查、分析并适时调整。

四、技术交底

做好技术交底是保证施工质量的重要措施之一。项目开工前应由项目技术负责人向全体施工人员进行书面技术交底,技术交底资料应办理签字手续并归档保存。每一分部工程开工前均应进行作业技术交底。

(一) 施工技术交底

1. 施工技术交底的主要内容

(1) 主要工程量。
(2) 施工关键节点及其注意事项:
① 沟槽开挖宽度、深度、基底要求。
② 聚乙烯管、钢管等燃气管道安装要求。
③ 调压器基础、阀门井砌筑标准。
④ 高空作业、深基坑作业安全注意事项。

⑤ 吹扫试压持续时间和压力。
⑥ 接管通气流程及安全注意事项等。
(3) 文明施工要求。
(4) 安全用电要求。

2. 各分部工程技术交底

各类技术交底中所使用的部分表格见附表 2 至附表 9。

(二) 安全、文明施工

城镇燃气工程施工，具有施工条件复杂，多专业工程交错，多综合性施工，旧工程拆迁、新工程建设同步，与城市交通、市民生活相互干扰，工期短，施工用地紧张、用地狭小，施工人员流动性大等特点。为保障施工安全和燃气企业施工形象，需对燃气工程施工人员、机具摆放、材料堆放、施工围挡和临时用电等要求进行明文规定，做到安全、文明施工。

1. 施工人员要求

(1) 穿着统一的工作服，配上岗证。
(2) 安全帽须完好，按要求佩戴，并系好下颏带。
(3) 穿软底平跟工作鞋，严禁穿拖鞋。
(4) 进行切割、打磨等操作时，需要佩戴符合要求的防护眼镜及防噪声耳塞。

2. 机具设备摆放

(1) 机具及电器设备齐全并放置在施工区域内（直接在沟槽边作业，必须平整出工作场地）。
(2) 各类工业气瓶、设备及设施存放位置距已开挖沟槽的距离应大于 1 m。氧气瓶和乙炔瓶分开摆放，两者相距 5 m 以上，距离动火点保持 10 m 以上；乙炔瓶必须直立摆放。

3. 施工标牌放置

施工现场的进出口处应设置整齐明显的"五牌一图"。
五牌：工程概况牌、管理人员名单及监督电话牌、消防保卫牌、安全生产（无重大事故）牌、文明施工牌。
一图：施工现场平面图。
燃气工程作为房屋建筑工程或市政道路工程的附属配套施工项目，应该服从房屋建筑施工或市政道路施工的整体"五牌一图"管控，作为单项工程主要应做好自身施工区域的围挡和警示标识。

4. 材料存放和搬运

（1）材料存放

① 材料应存放在通风良好、防雨、防晒的库房或简易棚内。

② 户外临时堆放时,应采用遮盖物遮盖。

③ 管道、设备应平放在地面上,并应采用软质材料支撑,离地面的距离不应小于 30 mm,支撑物必须牢固,直管道等长物件应做连续支撑。

④ 材料堆放高度不宜超过 1.5 m,各种材料要区分堆放。

⑤ 对易滚动的物件应做侧支撑,且不得以墙、其他材料和设备做侧支撑体。

（2）材料搬运

① 管材、管件搬运时,不得抛、摔、滚、拖;冬季搬运时,应小心轻放;采用机械设备吊装管材时,必须用非金属绳（带）吊装。

② 管材运输时,应放置在带挡板的平底车上或平坦的船舱内,堆放处不得有可能损伤管材的尖凸物,应采用非金属绳（带）捆扎、固定。

③ 管材、设备装卸时,严禁抛摔、拖拽和剧烈撞击。

④ 管材、管件运输途中,应有遮盖物,避免曝晒和雨淋。

5. 施工现场安全防护

（1）在沿车行道、人行道施工时,应在管沟沿线设置安全护栏,并应设置明显的警示标志;在施工路段沿线,应设置夜间警示灯。

（2）在繁华路段和城市主要道路施工时,宜采用封闭施工方式。

（3）在交通不可中断的道路施工时,应有保证车辆、行人安全通行的措施,并应设有负责安全的人员。

（4）施工现场的围挡一般应不低于 1.8 m,在市区内应不低于 2.5 m,且应符合当地主管部门的有关规定;围挡的用材应坚固、稳定、整洁、美观,宜选用砌体、金属材板等硬质材料,不宜使用彩布条、竹篱笆或安全网等。

（5）小区单元道口、行人通行处要及时回填,因特殊原因不能及时回填,要设置安全可靠的临时便桥。

6. 施工现场临时用电

（1）建筑施工现场临时用电工程专用的电源中性点直接接地的 220 V/380 V 三相四线制低压电力系统,必须符合下列规定:

① 采用三级配电系统（总配电箱、分配电箱、开关箱）。

② 采用 TN-S 接零保护系统。

③ 采用二级漏电保护系统。

（2）设备临时用电严禁违章用电，乱接乱搭。施工现场接电必须使用配电箱，配电箱应合理摆放，严禁箱体倾斜、倒置。

（3）每台用电设备必须有各自专用的开关箱，严禁用同一个开关箱直接控制2台及以上用电设备(含插座)。

（4）配电箱、开关箱应装设在干燥、通风及常温场所，不得安装在有严重损伤作用的瓦斯、烟气、潮气及其他有害介质中，亦不得装设在易受外来固体物撞击、强烈振动、液体浸溅及热源烘烤场所。否则，应予清除或做防护处理。

（5）配电箱、开关箱应采用冷轧钢板或阻燃绝缘材料制作，钢板厚度应为1.2～2.0 mm，其中开关箱箱体钢板厚度不得小于1.2 mm，配电箱箱体钢板厚度不得小于1.5 mm，箱体表面应做防腐处理。

（6）配电箱、开关箱应安装端正、牢固。固定式配电箱、开关箱的中心点与地面的垂直距离应为1.4～1.6 m。移动式配电箱、开关箱应装设在坚固、稳定的支架上，其中心点与地面的垂直距离宜为0.8～1.6 m。

（7）配电箱、开关箱的电源进线端严禁采用插头和插座做活动连接。

（8）手持式电动工具的外壳、手柄、插头、开关、负荷线等必须完好无损，使用前必须做绝缘检查和空载检查，在绝缘合格、空载运转正常后方可使用；手持电动工具的负荷线应采用耐气候型的橡皮护套铜芯电缆，并不得有接头。

(三) 技术交底管控措施

（1）高空作业、深基坑作业、大型吊装作业、有限空间作业、危险区域(场所)动火作业、接管通气作业等应制定专项施工方案，并在施工前对作业班组进行专项交底。

（2）做到图纸、材料未核对不开工；安全文明施工措施不到位不开工；勘察报告、专项施工方案未经审批，工程未交底，不得开工。

五、材料进场检验

城镇燃气工程使用的燃气管道材料较多，常用的材料有钢管、铸铁管、镀锌管和聚乙烯管道等。材料的质量与性能是直接影响工程质量的重要因素。施工单位应对进入施工现场的工程材料进行检验，其材质、规格、型号应符合设计文件和合同规定，并应按现行的国家产品标准进行外观检查；对外观质量有异议、对设计文件或规范有要求时应进行有关质量检验，不合格材料不得使用。

(一) 检验程序

接收管材、管件和设备必须进行验收。

首先,验收产品使用说明书、产品合格证、质量保证书和各项性能检验报告等有关资料;其次,在同一批产品中进行抽样,并按现行国家标准进行规格尺寸和外观性能的检查,必要时进行全面测试。

(二) 检验内容

1. 管材和管件验收

钢管、镀锌管、聚乙烯管、铸铁管等管材和管件必须有出厂质量证明文件或检验证明,材质和规格应符合设计图纸要求。

(1) 钢管弯曲度应小于钢管长度的 0.2%,椭圆度应不大于钢管外径的 0.2%;焊缝表面应无裂纹、夹渣、重皮、表面气孔等缺陷;管材表面局部凹凸应小于 2 mm,管材表面应无斑疤、重皮和严重锈蚀等缺陷。

(2) 镀锌管内外锌层应完整,镀锌均匀,不应有未镀上锌的黑斑、气泡和黑瘤,管口光滑、无毛刺。

(3) 聚乙烯管颜色一般为黑色或黄色,颜色均匀一致,管材、管件内外表面应清洁、平滑。管材不允许有气泡、凹陷、杂质、颜色不均等缺陷,管件不应有缩孔(坑)、气泡、裂口和明显凹陷;聚乙烯管表面划伤深度不应超过管材壁厚的 10%。从生产到使用期间,管材存放时间不宜超过 1 年,管件不宜超过 2 年,若超过上述期限应重新抽样,进行性能检验,合格后方可使用。

(4) 球墨铸铁管管材及管件表面不得有裂纹及影响使用的凹凸不平等缺陷;使用橡胶密封圈时,其性能必须符合燃气输送介质的使用要求,橡胶圈应光滑、轮廓清晰,不得有影响接口密封的缺陷。

(5) 薄壁不锈钢管管材表面不得有砂眼、气孔、伤痕,切口端面应平整,无裂纹、毛刺、凹凸、缩口、残渣等。切口端面的倾斜(与管中心轴线垂直度)偏差不应大于管材外径的 5%,且不得超过 3 mm;凹凸误差不得超过 1 mm。

2. 附属设备验收

燃气附属设备主要包括调压器、阀门、表具等。

外包装箱应完好,开箱检查产品使用说明书、产品合格证、质量保证书和检验报告应齐全;设备完好,各项性能参数、规格尺寸应满足设计图纸要求。

第二节 土方工程

土方施工前,建设单位应组织有关单位向施工单位进行现场交桩,并签字确认。临时水准点、管道轴线控制桩、高程桩,应经过复核后方可使用,并应定期校核。

施工单位应会同建设单位等有关单位,核对管道路由、相关地下管道以及构筑物的资料,必要时局部开挖核实。

施工前,建设单位应对施工区域内已有地上、地下障碍物,与有关单位协商处理完毕。

施工中,燃气管道穿越其他市政设施时,应对市政设施采取保护措施,必要时应征得产权单位的同意。

本节主要介绍放线、开槽、回填和井室砌筑。

一、放线

测量放线前要认真阅读施工图纸,了解设计意图及施工要求,并对图纸的设计尺寸及标高认真核对,检查总尺寸和分尺寸是否一致,总平面图和大样图尺寸是否一致,不符之处应及时提出并进行核对修正,不得擅自处理。

测量放线所使用的仪器、工具应在校验的有效期内。

测量放线是燃气施工的第一道工序,必须严格按照设计图纸进行放线,并加强复核,同时做到以下几点:

(1) 勘察现场并交底后,施工单位组织作业班组严格按照图纸对燃气管网进行测量放线。

(2) 测量放线后由施工单位报监理单位验收。

(3) 如现场与设计不符,要及时办理相关工程变更单报送至监理单位和建设单位,由建设单位项目负责人联系设计单位协调是否进行变更。

二、开槽

管沟开挖前,应将施工区域内的所有障碍物调查清楚,选择合理开挖方式,确保开挖安全。

(一) 技术内容

(1) 混凝土路面和沥青路面的开挖应使用切割机切割。

(2) 管道沟槽应按设计规定的平面位置和标高开挖。采用人工开挖且无地下水时,槽底预留值宜为 0.05~0.10 m;采用机械开挖或有地下水时,槽底预留值应不小于 0.15 m;管道安装前应人工清底至设计标高。

(3) 管沟沟底宽度和工作坑尺寸,应根据现场实际情况和管道敷设方法确定,也可按下列要求确定：

① 单管沟底组装按表 1.2.1 确定。

表 1.2.1 单管沟底宽度尺寸

管道公称直径(mm)	50～80	100～200	250～350	400～450	500～600	700～800	900～1 000	1 100～1 200	1 300～1 400
沟底宽度(m)	0.6	0.7	0.8	1.0	1.3	1.6	1.8	2.0	2.2

② 单管沟边组装和双管同沟敷设可按下式计算：

$$a = D_1 + D_2 + s + c$$

式中，a——沟槽底宽度(m)；

D_1——第一条管道外径(m)；

D_2——第二条管道外径(m)；

s——两管道之间的设计净距(m)；

c——工作宽度。在沟底组装：$c=0.6$ m；在沟边组装：$c=0.3$ m。

(4) 梯形槽见图 1.2.1，上口宽度可按下式计算：

$$b = a + 2nh$$

式中，b——沟槽上口宽度(m)；

a——沟槽底宽度(m)；

n——沟槽边坡系数(边坡的水平投影与垂直投影的比值)；

h——沟槽深度(m)。

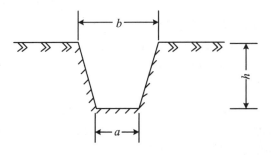

图 1.2.1 梯形槽横断面

(5) 在无地下水的天然湿度土壤中开挖沟槽时，如沟槽深度不超过表 1.2.2 的规定，沟壁可不设边坡。

表 1.2.2　不设边坡沟槽深度

土壤类型	沟槽深度(m)	土壤类型	沟槽深度(m)
填实的砂土或砾石土	≤1.00	黏土	≤1.50
亚砂土或亚黏土	≤1.25	坚土	≤2.00

(6) 当土壤具有天然湿度、构造均匀、无地下水、水文地质条件良好,且挖深小于 5 m,不加支撑时,沟槽的最大边坡系数可按表 1.2.3 确定。

表 1.2.3　深度在 5 m 以内的沟槽最大边坡系数(不加支撑)

土壤类型	边坡系数		
	人工开挖并将土抛于沟边上	机械开挖	
		在沟底挖土	在沟边上挖土
砂　土	1:1.00	1:0.75	1:1.00
亚砂土	1:0.67	1:0.50	1:0.75
亚黏土	1:0.50	1:0.33	1:0.75
黏　土	1:0.33	1:0.25	1:0.67
含砾土卵石土	1:0.67	1:0.50	1:0.75
泥炭岩白垩土	1:0.33	1:0.25	1:0.67
干黄土	1:0.25	1:0.10	1:0.33

注:① 如人工挖土抛于沟槽上即时运走,可采用机械在沟底挖土的坡度值。
　　② 临时堆土高度不宜超过 1.5 m;靠墙堆土时,其高度不得超过墙高的 1/3。

(7) 在无法达到表 1.2.3 要求时,应采用支撑加固沟壁。对不坚实的土壤应及时做连续支撑,支撑物应有足够的强度。

(8) 沟槽一侧或两侧临时堆土位置和高度不得影响边坡的稳定性和管道安装。堆土前应对消火栓、雨水口等设施进行保护。

(9) 局部超挖部分应回填压实。当沟底无地下水时,超挖在 0.15 m 以内,可采用原土回填;超挖在 0.15 m 及以上,可采用石灰土处理。当沟底有地下水或含水量较大时,应采用级配砂石或天然砂回填至设计标高。超挖部分回填后应压实,其密实度应接近原地基天然土的密实度。

(10) 在湿陷性黄土地区,不宜在雨期施工,或在施工时切实排除沟内积水,开挖时应在槽底预留 0.03~0.06 m 厚的土层进行压实处理。

(11) 沟底遇有废弃构筑物、硬石、木头、垃圾等杂物时必须清除,并应铺一层厚度不小于 0.15 m 的砂土或素土,整平压实至设计标高。

(12) 对软土基及特殊性腐蚀土壤,应按设计要求处理。

(13) 当开挖难度较大时,应编制安全施工的技术措施,并向现场施工人员进行安全技术交底。

(二) 质量管控

(1) 采用挖掘机开挖沟槽,应由专人指挥和监护。

(2) 管沟开挖时不可两边抛土,应将开挖的土石方堆放到布管的另一侧,且堆土距沟边不得小于 1.0 m。

(3) 在地下水位较高的地区或雨期施工时,应采取降低水位或排水措施,及时清除沟内积水。

(4) 沟槽开挖完毕后,及时自检。主要检验沟槽断面尺寸应准确,沟底应平直,坡度应正确,有沟底标高测量记录,转角应符合设计要求,沟内无塌方、无积水、无各种油类及杂物,接口工作坑位置与断面尺寸应正确。管沟检查标准应符合设计要求,设计无规定时应满足表 1.2.4 要求:

表 1.2.4 管沟检查标准

检查项目	允许偏差(mm)
管沟中心线偏移	≤100
管沟标高	±100
管沟宽度	±100

(5) 沟槽开挖自检合格后报监理单位验槽,验槽合格经监理单位签字确认后方可进行管道安装。

三、回填

管道施工验收合格后,应及时回填,恢复路面,避免沟槽长期暴露造成管道质量受到影响、沟槽坍塌、妨碍交通等事故。

(一) 回填及路面恢复

1. 技术内容

(1) 管道主体安装检验合格后,沟槽应及时回填,但需留出未检验的安装接口。回填前,必须将槽底施工遗留的杂物清除干净。

对特殊地段,应经监理(建设)单位认可,并采取有效的技术措施,方可在管道焊接、防腐检验合格后全部回填。

(2) 不得用冻土、垃圾、木材及软性物质回填。管道两侧及管顶以上 0.5 m 内的回填土,不得含有碎石、砖块等杂物。距管顶0.5 m以上的回填土中的石块不得多于10%,直径不得大于0.1 m,且均匀分布。

(3) 沟槽的支撑应在管道两侧及管顶以上0.5 m回填完毕并压实后,在保证安全的情况下进行拆除,并应采用细砂填实缝隙。

(4) 沟槽回填时,应先回填管底局部悬空部位,再回填管道两侧。

(5) 回填土应分层压实,每层虚铺厚度宜为0.2~0.3 m,管道两侧及管顶以上0.5 m内的回填土必须采用人工压实,管顶0.5 m以上的回填土可采用小型机械压实,每层虚铺厚度宜为0.25~0.4 m。

(6) 回填土压实后,应分层检查密实度,并做好回填记录。沟槽各部位的密实度应符合下列要求(见图1.2.2):

① 对Ⅰ、Ⅱ区部位,密实度应不小于90%;

② 对Ⅲ区部位,密实度应符合相应地面对密实度的要求。

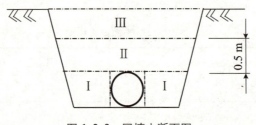

图1.2.2 回填土断面图

(7) 沥青路面和混凝土路面的恢复,应由具备专业施工资质的单位施工。

(8) 回填路面的基础和修复路面材料的性能应不低于原基础和路面材料。

(9) 当地市政管理部门对路面恢复有其他要求时,应按当地市政管理部门的要求执行。

2. 质量管控

(1) 沟槽开挖、管道安装完成后,及时回填,并做好交接记录;尤其是对市区人口密集区域,应尽量当日开挖当日回填,避免沟槽长期暴露在外。

(2) 回填施工前应对中压管道GIS(地理信息系统)定位、钢管牺牲阳极施工、竣工尺寸的标注、安全距离不足保护设施、聚乙烯管示踪线安装和检测等关键节点与部位进行检查。

(3) 沟内有积水,应全部排尽后再回填,沟槽未填部分在管道检验合格后及时回填。

(4) 沟槽回填完成后,对现场遗留坑洞、现场余土进行检查并做进一步处理。

(二) 警示带敷设

(1) 埋设燃气管道的沿线应连续敷设警示带。警示带敷设前应将敷设面压实,并平整地敷设在管道的正上方,距管顶的距离宜为 0.3~0.5 m,但不得敷设于路基和路面里。

(2) 警示带平面布置可按表 1.2.5 规定执行。

表 1.2.5 警示带平面布置

管道公称直径(mm)	≤400	>400
警示带数量(条)	1	2
警示带间距(mm)	—	150

(3) 警示带宜采用黄色聚乙烯等不易分解的材料,并印有明显、牢固的警示语,字体大小不宜小于 100 mm×100 mm。

(三) 金属示踪线敷设

聚乙烯管道覆土后,一般很难探测到,可采用贴管敷设金属示踪线,通过加载信号能够对已覆土管道进行精确定位,方便后期管道查找。

(1) 聚乙烯管敷设时应敷设金属示踪线,示踪线贴管敷设,并应有良好的导电性,有效的电气连接。开槽直埋管道宜采用 $2\times2.5~mm^2$ 单根双股金属示踪线,定向钻段宜采用 $7~mm^2$ 双根单股金属示踪线,并于定向钻始末端设置信号源井或检测桩,便于定向钻段管道埋深检测。定向钻段应选择高强度金属示踪线,以防管道回拖过程中将金属示踪线拉断。

(2) 沿地下聚乙烯管道应建有足够的信号源井,可利用阀井、检查井、凝水缸井等作为信号源井,也可另外设置信号源井。

(3) 金属示踪线应与聚乙烯管同步施工、同步验收,聚乙烯管覆土前、后应各自进行一次导电性检查,并附示踪线导电性检查记录。

(四) 管道路面标志设置

1. 技术内容

(1) 当燃气管道设计压力大于或等于 0.8 MPa 时,管道沿线宜设置路面标志。对混凝土和沥青路面,宜使用铸铁标志;对人行道和土路,宜使用混凝土方砖标志;对绿化带、荒地和耕地,宜使用钢筋混凝土桩标志。

(2) 路面标志应设置在燃气管道的正上方,并能正确、明显地指示管道的走向和地下设施。设置位置应为管道转弯处、三通处、四通处、管道末端等,直线管段路面标志的设置间隔不宜大于 200 m。

（3）路面上已有能标明燃气管线位置的阀门井、凝水缸部件时，可将该部件视为路面标志。

（4）路面标志上应标注"燃气"字样，可选择标注"管道标志""三通"及其他说明燃气设施的字样或符号和"不得移动、覆盖"等警示语。

（5）铸铁标志和混凝土方砖标志的强度和结构应考虑汽车的荷载，以使车辆碾压后不松动或脱落；钢筋混凝土桩标志的强度和结构应满足不被人力折断或拔出。标志上的字体应端正、清晰，并凹进表面。

（6）铸铁标志和混凝土方砖标志埋入后应与路面平齐；钢筋混凝土桩标志埋入的深度，应以回填后不遮挡字体为准。混凝土方砖标志和钢筋混凝土桩标志埋入后，应采用红漆将字体描红。

2. 质量管控

城镇燃气工程，尤其是中低压管网，管道分布密集，走向复杂，为便于管网的标识和日常巡线维护，做出如下规定（仅供参考）：

（1）标志上应以图形符号明确表示直管道、直转角、三通、管道末端与阀门走向等。如直转角用"⇩"表示，三通用"⇧"表示，末端用"⇦"表示。

（2）标志上以"G"表示高压管线，"A"表示中压 A 级管线，"B"表示中压 B 级管线，"D"表示低压管线。

（3）管道标志设置要求

①地面标志设置要求

a. 地面标志应设置在管道正上方，且能正确、明显地指示管道走向和地下设施。

b. 地面标志应设置在管道折点、三通、交叉点、末端等处。

c. 直线管段设置地面标志的间距应不大于 200 m。

d. 中压环管和中压环管以内的中压管道应每 50 m 设置一处管道标志。

e. 高压环管和高压环管到中压环管之间的中压管道应每 100 m 设置一处管道标志。

f. 低压庭院燃气管道折点、三通、末端等管道走向改变的位置应设置管道标志。

g. 多次发现燃气泄漏的管道应根据现场需要设置管道标志。

h. 采用非开挖施工敷设的燃气管道入土点和出土点应设置管道标志。

i. 燃气阀门井盖、凝水缸防护罩等可视为地面标志。

j. 在燃气阀门井、凝水缸等部件两侧，应设置标志来指示阀井内的管道走向。

② 地上标志设置要求

a. 地上标志的设置不得妨碍车辆、行人通行。

b. 地上标志应高出地面,且顶端距地面高度宜为 0.5~1.5 m。

c. 因特殊原因不能在管道正上方设置时,标志与管道中心线的水平距离应不大于 1.5 m。

四、井室砌筑

城镇燃气工程涉及的井室砌筑主要有调压器基础砌筑和阀门井基础砌筑,本书结合燃气行业的施工经验,介绍几种常用做法,供参考。

(一)调压器基础砌筑

1. 施工流程

① 放线:确定调压器平面位置。

② 开挖:挖至设计标高或原土层。

③ 浇筑垫层:100 mm 厚 C15 混凝土。

④ 砌筑砖基础:砌筑三七墙高 360 mm,砌筑二四墙高出地面标高 300 mm,砖砌筑 24 小时前应浇水湿润,砂浆饱和度至少 80% 以上,M5 砂浆配合比约为 1∶7(质量比)。

⑤ 粉刷:用水泥砂浆双面粉刷,粉刷均匀美观。

⑥ 管道施工验收合格后,基础内填黄砂。

⑦ 散水坡施工:素土夯实,60 mm 厚 C15 混凝土,15 mm 厚 1∶2.5 水泥砂浆,一般坡度为 3%~5%。

2. 质量管控

① 加强过程管控,严格按照调压器基础施工过程控制表(见附表 10)做好技术交底和过程检查。

② 注重季节性施工质量管控,尤其是冬季低温,地基土有冻胀性时,应在未冻的地基上砌筑。在施工期间和回填土前,均应防止地基遭受冻结;拌制砂浆用砂,不得含有冰块和大于 10 mm 的冻结块;砌体用砖或其他块材不得遭水浸冻;烧结普通砖、吸水率较大的轻骨料、混凝土小型砌块在气温高于 0 ℃ 条件下砌筑时,应浇水湿润;在气温不高于 0℃ 条件下砌筑时,可不浇水,但必须增大砂浆稠度;当气温较低、砌筑基础较大、养护较困难时,应采取其他方式(如钢结构等)施工。

③ 外观检查:调压器基础整体平整、美观,墙体互相垂直,不得有通缝,灰浆饱满、灰缝平整,抹面压光,不得有空鼓、裂缝等现象。

(二) 阀门井室砌筑

1. 钢制阀门井施工流程

① 浇筑垫层:100 mm 厚 C15 混凝土。
② 浇筑底板混凝土:200 mm 厚 C20 混凝土。
③ 混凝土模块砖:墙体砌筑(方形)、管道穿墙加套管、止水环并封堵。
④ 模块浇筑细石混凝土,并振捣密实。
⑤ 粉刷:内外用防水砂浆粉刷。
⑥ 吊装阀门井顶板(提前预制的钢筋混凝土板)。
⑦ 砌筑颈圈。
⑧ 安装阀门井盖(应用水泥砂浆座浆,且要严实)。

2. PE 阀门井施工流程

① 基础下素土夯实。
② 浇筑 200 mm 厚 C15 混凝土垫层。
③ 混凝土模块砖:墙体砌筑(圆形)。
④ 模块浇筑细石混凝土,并振捣密实。
⑤ 回填黄砂至放散管阀柄上 50 mm。
⑥ 阀门井盖安装。

3. 阀门井施工质量管控

(1) 前期准备阶段:
① 接到施工图纸后,及时将该工程所涉及的阀门型号、桩号、数量进行登记备案。
② 安排作业班组将阀门安装所需的法兰、管段进行焊接预制;同时进行盖板预制。
③ 焊接组对过程由专人负责尺寸复核、质量监督。
(2) 阀门安装阶段:
① 现场阀门井定位放线开挖时到质量管理部门备案,并在工程报表中详细填报施工进度。
② 按照过程控制表,以"定位放线→开挖→垫层→底板"顺序全程检查(含水泥、黄砂等材料检查,各混凝土配比,积水坑等),待底板养护验收合格后安排作业班组进行现场组装。
(3) 回填及其他方面:
① 阀门现场组对合格后,安排作业班组及时砌筑阀门井,向两侧开挖安装管

道,开挖时应尽量保证沟槽底部与阀门预制管道水平,禁止管道悬空组对。

② 混凝土模块基础至套管处,需现场监督检查套管外防腐情况,套管封堵情况;合格后方可继续砌筑并最终完成防水砂浆内外粉刷(同时需检查模块质量、砂浆勾缝等情况)。

③ 管道安装结束后,完成盖板、井盖的吊装,座浆和严实工作。

(4) 按要求填写阀门井砌筑施工过程控制表(见附表11至附表12)。

第三节 管道安装

一、聚乙烯燃气管道安装

(一)聚乙烯燃气管道简介

聚乙烯(Polyethylene,简称PE)是乙烯经聚合制得的一种热塑性树脂,在工业上也包括乙烯与少量α-烯烃的共聚物。聚乙烯无臭、无毒、手感似蜡,具有优良的耐低温性能(最低使用温度可达-100～-70 ℃),化学稳定性好,能耐大多数酸碱的侵蚀。常温下不溶于一般溶剂,吸水性小,电绝缘性优良。

聚乙烯燃气管道(见图1.3.1)因须承受一定的压力,通常要选用分子量大、机械性能较好的PE树脂,如HDPE树脂。

PE树脂,是由单体乙烯聚合而成的。聚合时因压力、温度等聚合反应条件不同,可得出不同密度的树脂,因而又有高密度聚乙烯、中密度聚乙烯和低密度聚乙烯之分,其中高密度聚乙烯(High Density Polyethylene,简称HDPE)俗称低压聚乙烯。

国际上把聚乙烯管(Polyethylene Pipe)的材料分为 PE32、PE40、PE63、PE80、PE100 五个等级,而用于燃气管的材料主要是 PE80 和 PE100。

图1.3.1 聚乙烯燃气管道

(二)管道安装要求

目前国内燃气工程中聚乙烯燃气管道被广泛应用,掌握好聚乙烯燃气管道的安装技术有利于提升工程质量。为了提高聚乙烯燃气管道在工程应用中的安全性

能,在安装过程中需注意以下几点:

(1) 聚乙烯燃气管道不得从建筑物或大型构筑物的下面穿越(不包括架空的建筑物和立交桥等大型构筑物);不得在堆积易燃、易爆材料和具有腐蚀性液体的场地下面穿越;不得与非燃气管道或电缆同沟敷设。

(2) 聚乙烯燃气管道与热力管道之间的水平净距,应不小于表1.3.1规定,并应确保燃气管道周围土壤温度不高于40 ℃。

表1.3.1 聚乙烯管道与热力管道之间的水平净距

项 目			地下燃气管道(m)			
			低 压	中 压		次高压
				B	A	B
热力管	直埋	热水	1.0	1.0	1.0	1.5
		蒸汽	2.0	2.0	2.0	3.0
	在管沟内(至外壁)		1.0	1.5	1.5	2.0

(3) 聚乙烯燃气管道与热力管道之间的垂直净距,应不小于表1.3.2规定,并应确保燃气管道周围土壤温度不高于40 ℃。

表1.3.2 聚乙烯管道与热力管道之间的垂直净距

项 目		燃气管道(当有套管时,从套管外径计)(m)
热力管	燃气管在直埋管上方	0.5(加套管)
	燃气管在直埋管下方	1.0(加套管)
	燃气管在管沟上方	0.2(加套管)或0.4
	燃气管在管沟下方	0.3(加套管)

(4) 管材、管件在户外临时存放时,应采用遮盖物遮盖。管材、管件和阀门存放时,应按不同规格尺寸和不同类型分别存放,并应遵守"先进先出"原则。

(5) 聚乙烯管道埋设的最小覆土厚度(地面至管顶)应符合下列规定:
① 埋设在车行道下,不得小于0.9 m。
② 埋设在非车行道(含人行道)下,不得小于0.6 m。
③ 埋设在机动车不可能到达的地方时,不得小于0.5 m。
④ 埋设在水田下时,不得小于0.8 m。

(三) 管道连接方式

聚乙烯燃气管道相比较其他材质管道具有很多优势。管材具有很好的柔韧性、抗腐蚀性、抗冲击性、严密性等;管道对酸、碱、盐及杂散电流均不敏感,也不会被微生物侵蚀;同时聚乙烯燃气管道连接方便、施工简单、维修少、使用寿命长,经济效益非常明显。聚乙烯管道的连接主要包括热熔连接、电熔连接、法兰连接等方式。考虑到聚乙烯管道输送的介质,聚乙烯燃气管道施工中一般采用电熔连接和热熔连接两种方式。当前这两种连接方式在国内外聚乙烯压力管道系统中都得到了广泛应用。

1. 一般要求

（1）聚乙烯管道严禁用于室内地上燃气管道和室外明设燃气管道。管道热熔或电熔连接的环境温度宜在-5~45 ℃范围内,在环境温度低于-5 ℃或风力大于5级的条件下进行热熔和电熔连接操作时,应采取保温、防风措施,并应调整连接工艺;在炎热的夏季进行热熔或电熔连接操作时,应采取遮阳措施。

（2）聚乙烯管材从生产到使用,存放时间不宜超过1年,管件不宜超过2年;当超出上述期限时,应重新抽样进行性能检验,合格后方可使用。管材检验项目应包括:静液压强度(165 h/80 ℃)、热稳定性和断裂伸长率;管件检验项目包括:静液压强度(165 h/80 ℃)、热熔连接的拉伸强度或电熔管件的熔接强度。

（3）公称直径在90 mm以上的聚乙烯燃气管材、管件连接可采用热熔连接或电熔连接;公称直径小于90 mm的管材及管件宜使用电熔连接。聚乙烯燃气管道和其他材质的管道、阀门、管路附件等连接应采用法兰或钢塑转换接头连接。

（4）对不同级别、不同熔体流动速率的聚乙烯原料制造的管材或管件,不同标准尺寸比(SDR值)的聚乙烯燃气管道连接时,必须采用电熔连接。施工前应进行试验,判定试验连接质量合格后,方可进行电熔连接。

2. 聚乙烯燃气管道安装

（1）管道连接前应对管材、管件及管道附属设备按设计要求进行核对,并应在施工现场进行外观检查,管材表面划伤深度不得超过管材壁厚的10%,符合要求方可使用。

（2）聚乙烯管材与管件的连接,必须根据不同的连接形式选用专用的连接机具,不得采用螺纹连接或粘接。连接时,严禁采用明火加热。

（3）聚乙烯管材、管件的连接应采用热熔连接或电熔连接(电熔承插连接、电熔鞍形连接);聚乙烯管道与金属管道或金属附件连接,应采用法兰连接或钢塑转换接头连接;采用法兰连接时应设置检查井。

（4）管道连接时,聚乙烯管材的切割应采用专用割刀或切管工具,切割端面应平整、光滑、无毛刺,端面应垂直于管轴线。

（5）连接完成后的接头应自然冷却,冷却过程中不得移动接头、拆卸加紧工具或对接头施加外力。

(6) 管道安装时，沟槽内积水应抽净，每次收工时，敞口管端应临时封堵。

(7) 不得使用金属材料直接捆扎和吊运管道。管道下沟时应防止划伤、扭曲和强力拉伸。

(8) 对穿越铁路、公路、河流、城市主要道路的管道，应减少接口，且穿越前应对连接好的管段进行强度和严密性试验。

(9) 聚乙烯管道敷设时，管道允许弯曲半径应不小于 25 倍公称直径；当弯曲管段上有承口管件时，管道允许弯曲半径应不小于 125 倍公称直径。

(10) 施工人员应经过专业技术培训合格后，持证上岗。

3. 电熔连接

电熔连接的原理是使用专用的电熔焊机，通过对预埋于电熔管件（见图 1.3.2）内表面的电热丝通电将其加热，使电熔管件内表面与被连接的管材（管件）外表面熔融，物料熔融后膨胀而相互间产生压力，冷却到规定时间后达到熔接的目的。

电熔连接（见图 1.3.3）要做到：电熔连接机具与电熔管件应正确连通，连接时通电加热的电压和加热时间应符合电熔连接机具和电熔管件生产企业的规定。具体要求如下：

(1) 检查电熔管件有无断丝、绕丝不均等异常现象，不合格的电熔管件禁止使用。

(2) 核对待焊接的管材（配件）规格是否正确，检查其表面是否有磕、碰、划伤，如伤痕深度超过管材壁厚的 10%，应予以局部切除后方可使用。

图 1.3.2 电熔套筒

(3) 清除管材、管件连接部位的灰尘或污物。

图 1.3.3 电熔连接

(4) 测量管件承口长度，并在管材插入端或插口管件插入端标出插入长度和刮除插入长度加 10 mm 的插入段表皮，刮削氧化层厚度宜为 0.1~0.2 mm。

(5) 在已刮削好的端面上再次按承插长度对管道进行标注。

(6) 将管材或管件插入端插入电熔承插管件承口内,至插入长度标记位置,并应检查配合尺寸。

(7) 将焊机输出插头插入管件插孔内并固定。通电前,应校直两对应的连接件,使其在同一轴线上,并应采用专用夹具固定管材、管件。

(8) 确认设定程序或参数无误后,启动电熔焊机进行焊接。

(9) 在熔接过程中,操作人员必须注意观察管件观察孔内熔体的溢出情况,观察时不得贴近观察,应佩戴护目镜观察,防止飞溅伤眼。

(10) 焊接完成后,取出插头,接头自然冷却。

(11) 电熔连接冷却期间,不得移动连接件或在连接件上施加任何外力。

4. 热熔连接

聚乙烯是一种热塑性材料,一般可在 190~240 ℃ 的范围内被熔化(不同原料牌号的熔化温度一般也不相同),将管材两端熔化的部分充分接触,并施加适当的压力,冷却后融为一体,达到熔接目的。

热熔连接(见图 1.3.4)要求如下:

(1) 根据管材或管件的规格,选用相应的夹具,将连接件的连接端伸出夹具,自由长度不应小于公称直径的 10%,移动夹具使连接件端面接触,并校直对应的待连接件,使其在同一轴线上,错边不应大于壁厚的 10%。

(2) 将聚乙烯管材或管件的连接部位擦拭干净,并铣削连接件端面,使其与轴线垂直。切削平均厚度不宜大于 0.2 mm,切削后的熔接面应防止污染。

(3) 连接件的端面应采用热熔对接连接设备加热,见图 1.3.4。

图 1.3.4 热熔对接机

(4) 吸热时间达到工艺要求后,应迅速撤出加热板,检查连接件加热面融化的均匀性,不得有损伤。在规定的时间内用均匀外力使连接面完全接触,并翻边形成均匀一致的对称凸缘。

(5) 在保压、冷却期间不得移动连接件或在连接件上施加任何外力。

5. 钢塑转换接头连接

聚乙烯管道作为一种新型城镇燃气管材得到了大量应用。聚乙烯燃气管道在与金属管道连接时需使用钢塑转换接头,钢塑转换接头(见图 1.3.5)安装时需注意以下几点:

(1) 钢塑转换接头的聚乙烯端与聚乙烯管或管件连接应符合相应的电熔、热熔连接的规定。

(2) 钢塑转换接头的钢管端与金属管道的连接应符合钢管的焊接、法兰连接、螺纹连接或连接器连接的规定。

(3) 钢塑转换接头的钢管端与钢管焊接时,在钢塑过渡段应采取降温措施。

(4) 钢塑转换接头连接后应对接头进行防腐处理,防腐等级应符合设计要求,并验收合格。

图 1.3.5 钢塑转换

(四) 质量管控

聚乙烯燃气管道在施工过程中,没有一种方便、可靠的非破坏性检测手段用于焊缝检验。为了保障焊接质量,可采取以下控制措施。

1. 严格执行焊接操作流程

(1) 管材固定(见图 1.3.6)。把管材固定在机架上,中间留出 5～8 cm 的距离。

(2) 铣削(见图 1.3.7)。将铣刀放入机架,适当调整切削压力对管材断面进行切削,待形成连续切削后缓慢减小切削压力,并撤出铣刀,以保证管材端面光滑平整。

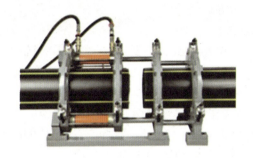

图 1.3.6　管材固定

图 1.3.7　管材铣削

（3）管端加热(见图1.3.8)。待加热板恒温后放入机架对管材端面进行加热,并根据管径及环境温度来调整加热时间及压力。

（4）对接(见图1.3.9)。根据管径的不同选择调整对接压力,管端加热后迅速将加热板移开,然后立即将管材对接。

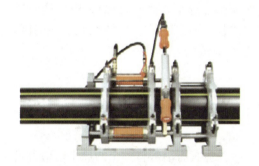

图 1.3.8　管端加热

图 1.3.9　管材对接

（5）完成(见图1.3.10)。当焊口温度降至与环境温度一致时,将管材从焊机上移开,该接口焊接完成。

图 1.3.10　完成对接

在热熔对接连接过程中还需注意以下几点：

① 核对待焊接管材规格是否正确，检查其表面是否有磕、碰、划伤，如伤痕深度超过管材壁厚的10%，应进行局部切除后方可使用。

② 用软布蘸酒精清除两管端的油污或异物。

③ 将待焊接的管材置于机架卡瓦内，使两端伸出的长度一致（在不影响铣削和加热的情况下，宜保持在20～30 mm），管材轴线与机架中心线处于同一高度，然后用卡瓦紧固好，机架以外的管材部分建议使用滚轮支撑。

④ 置入铣刀，先打开铣刀电源开关，然后再合拢管材两端，并加以适当的压力，直到两端有连续的切屑出现后（切屑厚度为0.5～10 mm，通过调节铣刀片的高度可调节切屑厚度），撤掉压力，略等片刻，再退开活动架，关闭铣刀电源。

⑤ 取出铣刀，合拢两管端，检查两端对齐情况（管材两端的错位量不能超过壁厚的10%，通过调整管材直线度和松紧卡瓦进行调整；管材两端面间的间隙不宜超过0.3 mm（De225以下）、0.5 mm（De225～De400）、1 mm（De400以上），如不满足要求，应再次铣削，直至满足要求。

⑥ 加热板温度达到设定值后，放入机架，施加规定的压力，当两边最小卷边达到规定高度时，压力减小到规定值（管端两面与加热板之间刚好保持接触，进行吸热），时间达到后，松开活动架，迅速取出加热板，合拢两管端，严格控制切换时间，冷却到规定时间后，卸压，松开卡瓦，取出连接完成的管材。

2. 热熔对接接头质量检验

聚乙烯燃气管道热熔对接连接完成后，应对接头进行100%的翻边对称性、接头对正性检验和不少于10%的翻边切除检验。

（1）翻边对称性检验（见图1.3.11）。接头应具有沿管材整个圆周平滑对称的翻边，翻边最低处的深度（A）应不小于管材表面。

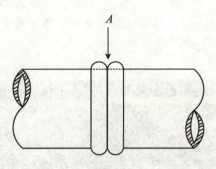

图1.3.11 翻边对称性示意

（2）接头对正性检验（见图1.3.12）。焊缝两侧紧邻翻边的外圆周的任何一处错边量（V）应不超过管材壁厚的10%。

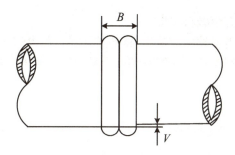

图 1.3.12　接头对正性示意

(3) 翻边切除检验(见图 1.3.13)。应使用专用工具,在不损伤管材和接头的情况下,切除外部的焊缝翻边。

翻边切除检验应符合下列要求:

① 翻边实心圆滑、根部较宽(见图 1.3.14)。

② 翻边下侧无杂质、小孔、扭曲和损坏。

③ 每隔 50 mm 进行 180°的背弯试验(见图 1.3.15),无开裂、裂缝,接缝处不得露出熔合线。

图 1.3.13　翻边切除示意　　　图 1.3.14　合格实心翻边示意　　　图 1.3.15　翻边背弯试验示意

当抽样检验的焊缝全部合格时,则此次抽样所代表的该批焊缝应认为全部合格;若出现与上述条款要求不符合的情况,则判定本焊缝不合格,并应按下列规定加倍抽样检验:

① 每出现一道不合格焊缝,则应加倍抽检该焊工所焊的同一批焊缝。

② 如第二次抽检仍出现不合格焊缝,则应对该焊工所焊的同批全部焊缝进行检验。

3. 电熔连接接头质量检验

聚乙烯燃气管道采用电熔承插连接时,电熔连接接头质量检验应符合下列要求:

(1) 电熔管件端口处的管材或插口管件周边应有明显刮皮痕迹和明显的插入

长度标记。

(2) 接缝处不得有熔融料溢出。

(3) 电熔管件内电阻丝不应挤出(特殊结构设计的电熔管件除外)。

(4) 电熔管件上观察孔中应能看到有少量熔融料溢出,但溢料不得呈流淌状。

4. 使用滚轮支撑

为减少管道焊接时的拖动阻力,保证管道连接时同轴度,避免管材表面拖动划伤,聚乙烯燃气管道焊接过程中应配合使用滚轮支撑(见图1.3.16)。

图 1.3.16 滚轮支撑

5. 建议使用全自动对接机

热熔对接机可分为手动、半自动、全自动等几种。为了控制聚乙烯燃气管热熔对接过程中的操作程序,加强质量管控,建议聚乙烯燃气管热熔对接采用全自动热熔对接机。聚乙烯燃气管全自动热熔对接机由全自动控制器、对接机架(含卡瓦组)、加热板、铣刀(及其提篮架)等部分组成。

聚乙烯燃气管道在热熔对接过程中,焊口的冷却压力、拖动压力、焊接压力等参数无法通过外观检查确定。在特殊情况下,通过焊缝外观检查不能准确判断焊缝质量。因此,建议在聚乙烯燃气管道热熔对接过程中使用全自动对接机。使用全自动对接机能最大限度减少人为操作失误因素,其焊接记录具有可追溯性及焊接工艺具有可控性。

6. 聚乙烯管施工技术要求

(1) 管道沟槽的沟底宽度和工作坑尺寸,应根据现场实际情况和管道敷设方法确定。当管道必须在沟底连接时,沟底宽度应加大,以满足连接机具工作需要。

(2) 聚乙烯管道敷设时,管道允许弯曲半径应不小于25倍公称直径;当弯曲管段上有承口管件时,管道允许弯曲半径应不小于125倍公称直径。

（3）聚乙烯管道宜蜿蜒状敷设，并可随地形自然弯曲敷设。不得使用机械加工或加热方法弯曲管道。

（4）管道敷设时，应随管道走向埋设金属示踪线（带）、警示带或其他标识。示踪线（带）应贴管敷设，并应有良好的导电性、有效的电气连接和设置信号源井。

（5）聚乙烯燃气管道敷设警示带应符合下列要求：

① 警示带宜敷设在管顶上方 300～500 mm 处，但不得敷设于路基或路面里。

② 对直径不大于 400 mm 的管道，可在管道正上方敷设一条警示带；对直径大于或等于 400 mm 的管道，应在管道正上方平行敷设两条水平净距 100～200 mm 的警示带。

③ 警示带宜采用聚乙烯或不宜分解的材料制造，颜色应为黄色，且在警示带上印有醒目、永久性警示语。

7. 常见问题及处理措施

聚乙烯管热熔对接时，易出现虚焊、焊不透、焊口碳化等问题，产生这些问题的原因以及处理措施如下。

（1）虚焊：热熔对接焊接时出现的虚焊，主要分夹具行程不足和对接时夹具速度太快两种情况。

① 夹具行程不足：两连接件对接前用铣刀铣平管口后进行焊前试碰，碰接后在夹具行程杆上应看到有一定的行程余量，行程余量应不小于 20 mm 为宜。在焊接过程中，夹具的行程余量不足时，焊缝外观合格，但实际上两对接件熔接得不够彻底，出现虚焊。这是热熔对接焊中常出现而又不易察觉的问题。解决办法是每次焊前都应注意留有足够的夹具行程余量。

② 连接件对碰时夹具速度太快：两连接件经加热板加热后进行对碰，若对碰过程中夹具速度过快，在对碰瞬间，两连接件熔融部分大部分被挤压到内外壁两侧，致使熔合的部分不够充分而造成了虚焊，解决办法是操作人员控制好机具的速度，使熔接部分充分融合。

（2）焊不透：出现这种情况的主要原因是加热时间不够。一般情况下不同级别、不同型号及规格的聚乙烯管，其焊接加热时间在出厂时都有规定，所给加热时间是在环境温度为 20 ℃、有微风时设定的。当环境温度低于 10 ℃ 或风力较大时，若按设定的加热时间进行加热焊接，焊缝外观与正确焊接没有多大区别，实际上可能未焊透。解决办法是当施工环境温度低于 10 ℃ 或风力较大时，应根据管材不同型号、规格适当调整加热时间（见表 1.3.3 至表 1.3.5）。

表 1.3.3　SDR11 管材焊接参数

（加热板表面温度，PE80：210±10 ℃，PE100：225±10 ℃；环境温度为 20 ℃）

管径 DN (mm)	管材壁厚 e(mm)	P_2(MPa)	压力=P 凸起高度 h(mm)	压力≈P 吸热时间 t_2(s)	切换时间 t_3(s)	增压时间 t_4(s)	压力=P 冷却时间 (min)
75	6.8	219/S_2	1.0	68	≤5	<6	≥10
90	8.2	315/S_2	1.5	82	≤5	<7	≥11
110	10.0	471/S_2	1.5	100	≤6	<7	≥14
125	11.4	608/S_2	1.5	114	≤6	<8	≥15
140	12.7	763/S_2	2.0	127	≤6	<8	≥17
160	14.5	996/S_2	2.0	145	≤8	<9	≥19
180	16.4	1 261/S_2	2.0	164	≤8	<10	≥21
200	18.2	1 557/S_2	2.0	182	≤8	<11	≥23
225	20.5	1 971/S_2	2.5	205	≤8	<12	≥26
250	22.7	2 433/S_2	2.5	227	≤10	<13	≥28
280	25.5	3 052/S_2	2.5	255	≤10	<14	≥31
315	28.6	3 862/S_2	3.0	286	≤10	<15	≥35
355	32.3	4 906/S_2	3.0	323	≤12	<17	≥39
400	36.4	6 228/S_2	3.0	364	≤12	<19	≥44
450	40.9	7 882/S_2	3.5	409	≤12	<21	≥50
500	45.5	9 731/S_2	3.5	455	≤12	<23	≥55
560	50.9	12 207/S_2	4.0	509	≤12	<25	≥61
630	57.3	15 450/S_2	4.0	573	≤12	<29	≥67

表 1.3.4　SDR17.6 管材焊接参数

（加热板表面温度，PE80：210±10 ℃，PE100：225±10 ℃；环境温度为 20 ℃）

管径 DN (mm)	管材壁厚 e(mm)	P_2(MPa)	压力=P 凸起高度 h(mm)	压力≈P 吸热时间 t_2(s)	切换时间 t_3(s)	增压时间 t_4(s)	压力=P 冷却时间 (min)
110	6.3	305/S_2	1.0	63	≤5	<6	9
125	7.1	394/S_2	1.5	71	≤6	<6	10
140	8.0	495/S_2	1.5	80	≤6	<6	11
160	9.1	646/S_2	1.5	91	≤6	<7	13

续表 1.3.4

管径 DN (mm)	管材壁厚 e(mm)	P_2(MPa)	压力=P 凸起高度 h(mm)	压力≈P 吸热时间 t_2(s)	切换时间 t_3(s)	增压时间 t_4(s)	压力=P 冷却时间 (min)
180	10.2	818/S_2	1.5	102	≤6	<7	14
200	11.4	1 010/S_2	1.5	114	≤6	<8	15
225	12.8	1 278/S_2	2.0	128	≤8	<8	17
250	14.2	1 578/S_2	2.0	142	≤8	<9	19
280	15.9	1 979/S_2	2.0	159	≤8	<10	20
315	17.9	2 505/S_2	2.0	179	≤8	<11	23
355	20.2	3 181/S_2	2.5	202	≤10	<12	25
400	22.7	4 039/S_2	2.5	227	≤10	<13	28
450	25.6	5 111/S_2	2.5	256	≤10	<14	32
500	28.4	6 310/S_2	3.0	284	≤12	<15	35
560	31.8	7 916/S_2	3.0	318	≤12	<17	39
630	35.8	10 018/S_2	3.0	358	≤12	<18	44

表 1.3.5 PE80、PE100 管材壁厚参数

公称直径 DN (mm)	PE80				PE100			
	SDR17.6		SDR11		SDR17.6		SDR11	
	压力≤0.3 MPa		压力≤0.5 MPa		压力≤0.4 MPa		压力≤0.7 MPa	
	壁厚 (mm)	内径 (mm)	壁厚 (mm)	内径 (mm)	壁厚 (mm)	内径 (mm)	壁厚 (mm)	内径 (mm)
20.0	2.3	15.4	3.0	14.0	2.3	15.4	3.0	14.0
25.0	2.3	20.4	3.0	19.0	2.3	20.4	3.0	19.0
32.0	2.3	27.4	3.0	26.0	2.3	27.4	3.0	26.0
40.0	2.3	35.4	3.7	32.6	2.3	35.4	3.7	32.6
50.0	2.9	44.2	4.6	40.8	2.9	44.2	4.6	40.8
63.0	3.6	55.8	5.8	51.4	3.6	55.8	5.8	51.4
75.0	4.3	66.4	6.8	61.4	4.3	66.4	6.0	63.0
90.0	5.2	79.6	8.2	73.6	5.2	79.6	8.2	73.6

续表 1.3.5

公称直径DN (mm)	PE80				PE100			
	SDR17.6		SDR11		SDR17.6		SDR11	
	压力≤0.3 MPa		压力≤0.5 MPa		压力≤0.4 MPa		压力≤0.7 MPa	
	壁厚 (mm)	内径 (mm)	壁厚 (mm)	内径 (mm)	壁厚 (mm)	内径 (mm)	壁厚 (mm)	内径 (mm)
110.0	6.3	97.4	10.0	90.0	6.3	97.4	10.0	90.0
125.0	7.1	110.8	11.4	102.2	7.1	110.8	11.4	102.2
140.0	8.0	124.0	12.7	114.6	8.0	124.0	12.7	114.6
160.0	9.1	141.8	14.6	130.8	9.1	141.8	14.6	130.8
180.0	10.3	159.4	16.4	147.2	10.3	159.4	16.4	147.2
200.0	11.4	177.2	18.2	163.6	11.4	177.2	18.2	163.6
225.0	12.8	199.4	20.5	184.0	12.8	199.4	20.5	184.0
250.0	14.2	221.6	22.7	204.6	14.2	221.6	22.7	204.6
315.0	17.9	279.2	28.6	257.8	17.9	279.2	28.6	257.8
355.0	20.2	314.6	32.3	290.4	20.2	314.6	32.3	290.4
400.0	22.8	354.4	36.4	327.2	22.8	354.4	36.4	327.2
450.0	25.6	398.8	40.9	368.2	25.6	398.8	40.9	368.2
500.0	28.4	443.2	45.5	409.0	28.4	443.2	45.5	409.0

二、钢管安装

（一）钢管的应用

钢管是燃气工程中应用较多的管材。其主要优点是：强度高、韧性好、承载应力大，抗冲击性和严密性好、可塑性好、便于焊接和热加工、壁厚较薄、节省材料。但其耐腐蚀性较差，需要有妥善的防腐措施。

用于城镇燃气管道的钢管主要有无缝钢管和焊接钢管两大类。无缝钢管的强度很高，但受生产工艺和成本的限制，一般多使用DN200以下的小口径钢管。焊接钢管种类较多，按焊接方式可分为直缝焊接钢管和螺旋缝焊接钢管两类。其中，直缝焊接钢管又包括直缝双面埋弧焊（Longitudinally Submerged Arc Wolding，简称LSAW）钢管和高频电阻焊（Electric Resistanc Welding，简称ERW）钢管等几种。

(二) 钢管焊接要求

1. 焊接工艺

不同的焊接方法有不同的焊接工艺。焊接工艺主要根据被焊工件的材质、牌号、化学成分、焊件结构类型、焊接性能要求来确定。首先要确定焊接方法,如手工电弧焊、埋弧焊、钨极氩弧焊、熔化极气体保护焊等等,焊接方法的种类非常多,根据具体情况选择。确定焊接方法后,再制定焊接工艺参数。焊接工艺参数的种类各不相同,如手工电弧焊工艺参数主要包括:焊条型号(或牌号)、直径、电流、电压、焊接电源种类、极性接法、焊接层数、道数、检验方法等等。

2. 常用焊接方法

焊接也称作熔接,是一种以加热、高温或者高压的方式接合金属或其他热塑性材料如塑料的制造工艺及技术。

燃气钢制管道在焊接过程中,常用到的是手工电弧焊、氩弧焊、气体保护焊、下向焊等焊接方法。下面简要介绍氩弧焊、下向焊方法。

(1) 氩弧焊

氩弧焊(见图 1.3.17),是使用氩气作为保护气体的一种焊接技术,又称氩气体保护焊,是在电弧焊的周围通上氩气作为保护气体,将空气隔离在焊区之外,防止焊区的氧化。

图 1.3.17 氩弧焊

氩弧焊技术是在普通电弧焊原理基础上,利用氩气对金属焊材的保护,通过高电流使焊材在被焊基材上融化成液态形成熔池,使被焊金属和焊材达到冶金结合的一种焊接技术。由于在高温熔融焊接中不断送上氩气,使焊材不能和空气中的氧气接触,从而防止了焊材的氧化,因此可以焊接不锈钢、铁类五金金属。

① 氩弧焊分类:氩弧焊按照电极的不同分为非熔化极氩弧焊和熔化极氩弧焊两种。

a. 非熔化极氩弧焊的工作原理及特点:非熔化极氩弧焊是电弧在非熔化极(通常是钨极)和工件之间燃烧,在焊接电弧周围流过一种不和金属起化学反应的惰性气体(常用氩气),形成一个保护气罩,使钨极端部、电弧和熔池及邻近热影响区的高温金属不与空气接触,能防止氧化和吸收有害气体,从而形成致密的焊接接头,其力学性能非常好。

b. 熔化极氩弧焊的工作原理及特点:焊丝通过丝轮送进,导电嘴导电,在母材与焊丝之间产生电弧,使焊丝和母材熔化,并用惰性气体氩气保护电弧和熔融金属来进行焊接。

它和钨极氩弧焊的主要区别:熔化极氩弧焊使用焊丝作为熔化电极,并被不断熔化填入熔池,冷凝后形成焊缝。随着熔化极氩弧焊的技术应用,保护气体已由单一的氩气发展出多种混合气体的广泛应用。如以 Ar 或 Ar+He 为保护气时称为熔化极惰性气体保护电弧焊(在国际上简称为 MIG 焊);以惰性气体加入少量氧化性气体(氧气、二氧化碳或其混合气体)混合而成的混合气为保护气时,统称为熔化极活性气体保护电弧焊(在国际上简称为 MAG 焊)。从其操作方式看,目前应用最广的是半自动熔化极氩弧焊和富氩混合气保护焊,其次是自动熔化极氩弧焊。

② 氩弧焊的优点:

a. 氩气保护可隔绝空气中氧气、氮气、氢气等对电弧和熔池产生的不良影响,减少合金元素的烧损,得到致密、无飞溅、质量高的焊接接头。

b. 氩弧焊的电弧燃烧稳定,热量集中,弧柱温度高,焊接生产效率高,热影响区窄,所焊的焊件应力、变形、裂纹倾向小。

c. 氩弧焊为明弧施焊,操作、观察方便。

d. 电极损耗小,弧长容易保持,焊接时无熔剂、涂药层,容易实现机械化和自动化。

e. 氩弧焊几乎能焊接所有金属,特别是一些难熔金属、易氧化金属,如镁、钛、钼、锆、铝及其合金等。

f. 不受焊件位置限制,可进行全位置焊接。

③ 氩弧焊的缺点:

a. 设备成本较高。

b. 氩气电离势高,引弧困难,需要采用高频引弧及稳弧装置。

c. 氩弧焊与焊条电弧焊相比对人身体的伤害程度要高一些。氩弧焊的电流密度大,发出的光比较强烈,它的电弧产生的紫外线辐射,约为普通焊条电弧焊的 5~30 倍,红外线约为焊条电弧焊的 1~1.5 倍,在焊接时产生的臭氧含量较高,对呼吸道较大刺激。因此,要尽量选择空气流通较好的地方施工,不然对身体有很大的伤害。

d. 对于低熔点和易蒸发的金属(如铅、锡、锌),焊接较困难。

(2) 下向焊

下向焊接技术自 20 世纪 60 年代引入我国以来,经过几十年的发展,我国已具有成熟的手工下向焊接技术。目前半自动下向焊接技术及全自动气体保护下向焊接技术正在长输管道及市政管道建设中普及应用。

① 下向焊技术特点

在管道水平放置固定不动的情况下,焊接热源从顶部中心开始垂直向下焊接,一直到底部中心。其焊接部位的先后顺序是:平焊、立平焊、立焊、仰立焊、仰焊。下向焊焊接工艺采用纤维素下向焊焊条,这种焊条以其独特的药皮配方设计,与传统的由下向上施焊方法相比,其优点主要表现在:

a. 焊接速度快,生产效率高。因该种焊条铁水浓度低,不淌渣,比由下向上施焊提高效率约50%。

b. 焊接质量好。纤维素焊条焊接的焊缝根部成形饱满,电弧吹力大,穿透均匀,焊道背面成形美观,抗风能力强,适于野外作业。

c. 减少焊接材料的消耗。与传统的由下向上焊接方法相比焊条消耗量减少20%~30%。

d. 焊接一次合格率较高。

② 下向焊技术应用

与长输管线的野外施工不同,城市燃气管道工程施工过程,受到诸多外界因素限制。河流、公路和频繁的地下障碍,都为施工带来很大难度。在管道敷设过程中,既有穿越工程,又有过河道开槽工程,还有沉管工程等;此外,作业空间小也增加了施工的难度。针对上述出现的问题,为保证工程质量,施焊时,根据外部环境有的管段采用分段施工、分段下管,也有的管段采用沟下组焊,围绕焊接质量从各角度加以控制。

采用下向焊的焊接缝隙小,焊接速度快,使得与传统上向焊工艺相比,更加高效、节能。另外,选用纤维素焊条,焊条电弧吹力大、抗外界干扰能力强。连续焊接,焊接接头少,焊缝成型美观。采用多层多道焊操作工艺,使得焊缝的内在质量好,检测合格率高。

③ 下向焊工艺分类

A. 手工下向焊

手工下向焊接技术与传统的向上焊接相比具有焊缝质量好、电弧吹力强、挺度大、打底焊时可以单面焊双面成形、焊条熔化速度快、熔敷率高等优点,被广泛应用于管道工程建设中。随着输送压力的不断提高,油气管道钢管强度的不断增加,手工下向焊接技术经历了全纤维素型下向焊→混合型下向焊→复合型下向焊接这一发展进程。

全纤维素型下向焊接工艺的关键在于根焊时要求单面焊双面成形;仰焊位置时防止熔滴在重力作用下出现背面凹陷及铁水粘连焊条。

混合型下向焊接是指在长输管道的现场组焊时,采用纤维素型焊条根焊、热焊,低氢型焊条填充焊、盖面焊的手工下向焊接技术;主要用于焊接钢管材质级别较高的管道。

B. 半自动下向焊

半自动化焊接技术在我国管道建设中的应用是在20世纪90年代发展起来的。由于半自动焊具有生产效率高、焊接质量好、经济性好、易于掌握等优点,自引入我国管道建设中以来,发展迅速。半自动下向焊接技术主要分为两种操作方法:药芯焊丝自保护半自动下向焊和活性气体保护半自动下向焊。

药芯焊丝自保护半自动下向焊技术中,药芯焊丝适用于各种位置的焊接,其连续性适用于自动化过程生产。该工艺的主要优点有:

a. 质量好。同等管径的钢管手工下向焊接接头数比半自动焊接接头数多,焊接缺陷通常产生于焊接接头处,采用半自动焊降低了缺陷的产生概率。半自动下向焊通常采用的NR204、NR207焊丝属低氢金属,而传统的手工焊多采用纤维素焊条,由此可知,半自动焊可降低焊缝中的氢含量。同时,半自动焊输入线能量高,可降低焊缝冷却速度,有助于氢的溢出及减少和防止出现冷裂纹。

b. 效率高。药芯焊丝把断续的焊接过程变为连续的生产方式。半自动焊熔敷量大,比手工焊道少,熔化速度比纤维素手工下向焊提高15%~20%。焊渣薄,脱渣容易,减少了层间清渣时间。

c. 综合成本低。半自动焊接设备具有通用性,可用于半自动焊,也可用于手弧焊或其他焊接法的焊接。

C. 全自动气体保护下向焊

全自动气体保护下向焊接技术使用可熔化的焊丝与金属之间的电弧热来熔化焊丝和钢管,在焊接时向焊接区域输送保护气体以隔离空气的有害作用,通过连续送丝完成焊接。熔化极气保护焊时焊接区的保护简单,焊接区域易于观察,生产效率高,焊接工艺相对简单,便于控制,容易实现全位置焊接。

④ 下向焊操作方法

下向焊可实现全位置多机头同时工作,打底焊可从管内部焊接,也可从管外部焊接。焊接参数的调节一般在控制台或控制面板上,主要调节参数有:电压、送丝速度、每个焊头移动速度、摆动频率、摆动宽度及摆延迟时间。应当注意的是,因每条焊道焊接参数不同,整个焊缝的焊接参数应根据管材规格及现场条件确定焊接试验合格后,方可应用于生产。

全自动气体保护焊接技术以其焊接质量高,焊接速度快等优点,在国外已经普及,而国内则处于推广阶段。全自动气体保护下向焊接技术是我国长输管道及市政燃气管道下向焊接技术发展的方向。

下向焊的操作方法如下:

A. 根焊:根焊是整个管接头焊接质量的关键。操作时,要求焊工必须正确掌握运条角度和运条方法,并保持均匀的运条速度。施焊时,一名焊工先从管接头的

12 点方向往前 10 mm 处引弧,采用短弧焊,作直线运条,允许有较小摆动,但动作要小,速度要快,要求均匀平稳,做到"听、看、送"统一,既要"听"到电弧击穿钢管的"扑扑"声,又要"看"到熔孔的大小,观察判断熔池的温度,还要准确地将铁水"送"至坡口根部。熄弧时,应在熔池下方做一个熔孔,比正常焊接时的熔孔要大些,然后迅速用角磨机将收弧处打磨成 15~20 mm 的缓坡,以利于再次引弧。在根焊焊接超过 50% 后,要撤掉外对口器,但对口支座或吊架应至少在根焊完成后才撤离。

B. 热焊:热焊与根焊时间间隔应小于 5 min,目的是使焊缝保持较高温度,以提高焊缝力学性能,防止裂纹产生。热焊的速度要快,运条角度不可过大,以避免根部焊缝烧穿。

C. 填充焊:第三、四遍焊接为填充焊,在具体工作中,可根据填充高度的不同,适当加大焊接电流,稍做横向或反月牙摆动。同热焊一样,焊前须用角磨机对上一层焊缝进行打磨,避免因清渣不干净造成夹渣等缺陷。另外,合理掌握焊条角度、控制相应弧长也是防止缺陷产生的主要前提。

D. 盖面焊:盖面焊前的清渣及打磨处理应有利于盖面层的焊接,通过焊条的适当摆动,可将坡口两侧覆盖,克服坡口未填满及咬边等缺陷,通常覆盖宽度按相关规范及工艺执行。两名焊工收弧时应相互配合,一人须焊过 6 点位置 5~10 mm 后熄弧。

在上述各层焊缝施焊中,应注意焊接接头不能重叠,应彼此错开 20~30 mm,用角磨机对各层焊缝进行清理,清理的结果应有利于下道焊缝施焊的焊接质量。

⑤ 焊缝检测

A. 焊缝表面质量要求:施焊后的焊缝,按《管道下向焊焊接工艺规程》(Q/SY 1078—2010)规定,应清除熔渣、飞溅物等杂物,焊缝表面不得有裂纹、未熔合、气孔和夹渣等缺陷;咬边深度≤0.5 mm,在任意长 300 mm 焊缝中两侧咬边累计长度≤50 mm;焊缝余高 0.5~2.0 mm,个别部位(管底部处于时钟 5~7 时位置)不超过 3 mm,且长度不超过 50 mm;焊缝宽度比坡口每侧增宽 0.5~2.0 mm 为宜。

B. 无损检测:焊缝无损检测应按照《石油天然气钢质管道对接焊缝超声波探伤质量分级》(SY 4065—93)和《石油天然气钢质管道对接焊缝射线照相及质量分级》(SY 4056—93)执行。

⑥ 缺陷分析

在下向焊焊接施工中,存在的缺陷种类主要有:未焊透、未熔合、内凹、夹渣、气孔、裂纹等。在立焊与仰焊位置,裂纹、内凹的出现概率较多,尤其裂纹更集中地出现在仰焊位置,这与起初定位焊后过早撤除外对口器关系密切。而内凹则是因为根焊时,电弧吹力不够,另外铁水又受重力作用而导致,这与焊工的技能水平有一定关系。多数的未焊透和未熔合与钢管组对时的错边、焊接时工艺参数的波动、操作者的水平、运条方法的选用、工作时急于求成等因素有一定关联。气孔和夹渣除去与环境、选用规范、母材和焊材的预处理有关外,焊缝的冷却速度对该缺陷的影响更大些。

3. 焊条

焊条,是在金属焊芯外将涂料(药皮)均匀、向心地压涂在焊芯上。焊芯即焊条的金属芯,为了保证焊缝的质量与性能,对焊芯中各元素的含量都有严格的规定,特别是对有害杂质(如硫、磷等)的含量,有严格的限制,优于母材。焊条由焊芯及药皮两部分构成。其种类不同,焊芯也不同。焊芯成分直接影响着焊缝金属的成分和性能,所以焊芯中的有害元素要尽量少。

(1) 焊条的分类

按用途分类有:碳钢焊条,低合金钢焊条,不锈钢焊条,铸铁焊条,镍及镍合金焊条等。

按焊条药皮的主要化学成分分类有:纤维素焊条、低氢钠型焊条等。

按焊条药皮熔化后熔渣特性分类有:酸性焊条、碱性焊条,分别概述如下。

① 药皮中含有多量酸性氧化物(TiO_2、SiO_2等)的焊条称为酸性焊条。

酸性焊条能交流电、直流电两用,焊接工艺性能较好,飞溅小、熔渣流动性好、易于脱渣、焊缝外表美观,是应用最广的焊条。因药皮中含有较多硅酸盐、氧化铁和氧化钛等,氧化性较强,但焊缝的力学性能,特别是冲击韧度较差,适用于一般低碳钢和强度较低的低合金结构钢的焊接。

② 药皮中含有多量碱性氧化物(CaO、Na_2O等)的焊条称为碱性焊条。

焊条主要靠碳酸盐(如大理石中的$CaCO_3$等)分解出CO_2作为保护气体,在弧柱气氛中H的分压较低,而且萤石中的CaF_2在高温时与H结合成HF,从而降低了焊缝中的含氢量,故碱性焊条又称为低氢焊条。碱性焊条中的CaO数量多,熔渣脱S能力强,抗热裂性能较好。由于O和H含量低,非金属杂物较少,故有较高塑性和韧性,以及较好的抗冷裂性能。但是,由于药皮中含有较多的CaF_2,影响气体电离,所以碱性焊条一般要求使用直流电源,用反接法焊接。只有当药皮中加放稳弧剂才可以用交流电源焊接。

碱性焊条主要用于重要结构(如锅炉、压力容器和合金结构钢等)的焊接。

(2) 酸性焊条和碱性焊条特性的比较

① 酸性焊条药皮组分氧化性强,而碱性焊条药皮组分氧化性弱。

② 酸性焊条对水、锈产生气孔的敏感性不大,焊条在使用前经75~150 ℃烘焙1 h;而碱性焊条对水、锈产生气孔的敏感性较大,焊条在使用前经350~400 ℃烘焙1~2 h。

③ 酸性焊条电弧稳定,可用交流电或直流电施焊,而碱性焊条由于药皮中含有氟化物,能降低电弧稳定性,必须用直流电施焊,只有当药皮中加稳弧剂后才可

交流电、直流电两用。酸性焊条焊接电流大,而碱性焊条焊接电流较小,较同规格的酸性焊条约小10%左右。

④ 酸性焊条宜长弧操作,而碱性焊条宜短弧操作,否则易引起气孔。

⑤ 酸性焊条合金元素过渡效果差,而碱性焊条合金元素过渡效果好。

⑥ 酸性焊条焊缝成形较好,熔深较浅;而碱性焊条焊缝成形尚好,容易堆高,熔深稍深;酸性焊条熔渣结构呈玻璃状,而碱性焊条熔渣结构呈结晶状。

⑦ 酸性焊条脱渣较方便,而碱性焊条坡口内第一层脱渣较困难,以后各层脱渣较容易。

⑧ 酸性焊条焊缝常、低温冲击性能一般,而碱性焊条焊缝常、低温冲击性能较高。酸性焊条抗裂性能较差,而碱性焊条抗裂性能好。

⑨ 酸性焊条焊缝中的含氢量高,易产生"白点",影响塑性,而碱性焊条焊缝中的含氢量低。

⑩ 酸性焊条焊接时烟尘较少,而碱性焊条焊接时烟尘较多。

(3) 焊条牌号

① J422焊条(见图1.3.18),国际标准牌号E4303。它是一种酸性焊条,药皮钛钙型,J表示结构钢焊条,42表示熔敷金属抗拉强度不低于420 MPa,2代表钛钙型药皮,交流电、直流电两用。

图1.3.18　J422焊条

② J507焊条(见图1.3.19),国际标准牌号E5015,是低氢钠型焊条。它是一种碱性焊条,50代表熔敷金属抗拉强度不低于500 MPa,7代表低氢钠性药皮,直流反接。

图1.3.19　J507焊条

③ E6010焊条,是高纤维素钠型下向焊焊条。E表示电焊条,60表示熔敷金

属抗拉强度不低于600 MPa,10代表药皮类型为高纤维素钠型,见图1.3.20。

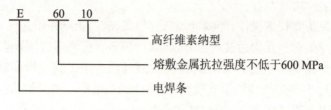

图1.3.20 E6010焊条牌号

(4) 焊条选用原则

① 等强度原则:对于承受载荷或一般载荷的工件或结构,通常采用抗拉强度与母材相等的焊条。

② 同等性能原则:应选用熔敷金属的性能与母材相近的焊条。例如:不锈钢采用不锈钢焊条、铸铁采用铸铁焊条等。

③ 等条件原则:根据工件或焊接结构的工作条件和特点选择焊条。例如:受动载荷或冲击载荷较高的工件选用熔敷金属冲击韧性较高的低氢型焊条;反之,一般结构选用酸性焊条。

4. 焊丝

焊丝是焊接时作为填充金属或同时作为导电电极的焊接材料。在气焊和钨极气体保护电弧焊时,焊丝用作填充金属;在埋弧焊、电渣焊和其他熔化极气体保护电弧焊时,焊丝既是填充金属,同时也是导电电极。

(三) 安装前的准备

(1) 由作业班组对沟底标高和管基质检合格且沟槽内杂物清理干净后,方可放管准备安装。

(2) 管道吊装时,吊装点间距应不大于8 m。吊装管道的最大长度不宜大于36 m,吊装用绳采用软质材料或加垫软布,不得损伤钢管防腐层。

(3) 钢管焊接前的检验:

① 承担燃气钢制管道、设备焊接的人员,必须具有锅炉压力、容器压力管道特种设备操作人员资格证、(焊接)焊工合格证书,且在证书的有效期及合格范围内从事焊接工作。间断焊接时间超过6个月,再次上岗前应重新考试。

② 施工前,需检查现场焊机等设备摆放是否符合要求(如氧气瓶、乙炔瓶是否分开摆放,间距是否大于5 m,且距明火距离是否大于10 m),焊机是否有漏电保护器、配电箱是否有漏电保护措施、电缆线是否有裸露现象。上述任何一项不符合要求,不得施工。

③ 检验坡口及组对情况是否符合要求,大口径钢管(DN200以上)宜使用对口

器辅助焊接。严格控制坡口打磨,打磨露出金属光泽即可,不得对坡口过度打磨,或者直接磨平坡口。

④ 管口椭圆度不符合要求的,要及时进行校正,否则不得进行焊接,以免产生错边缺陷。

⑤ 焊接部位须有防风措施,在雨雪天气、大气相对湿度大于85%、风速大于8 m/s等情况下,严禁施焊。

(四)钢管安装

(1) 钢管焊接前,作业班组应配合焊工将坡口处的水分、脏物、铁锈、油污、涂料等清除干净。管道的切割及坡口加工宜采用机械方法,当采用气割等热加工方法时,必须除去坡口表面的氧化皮,并进行打磨。

(2) 氩弧焊时,焊口组对间隙宜为2~4 mm,不应在管道焊缝上开孔。管道开孔边缘与管道焊缝的间距应不小于100 mm。当无法避开时,应对以开孔中心为圆心、1.5倍开孔直径为半径的圆中所包容的全部焊缝进行100%射线照相检测。

(3) 管道在套管内敷设时,套管内的燃气管道不宜有环向焊缝。

(4) 管道在敷设时应在自由状态下安装连接,严禁强力组对。管道环焊缝间距应不小于管道的公称直径,且不得小于150 mm。

(5) 管道对口前应将管道、管件内部清理干净,不得存有杂物。每次收工时,敞口管端应临时封堵。

(6) 当管道的纵段水平位置折角大于22.5°时,应采用弯头连接。

(7) 钢管采用法兰安装时,应符合以下规定:

① 法兰在安装前应进行外观检查,法兰的公称压力应符合设计要求。

② 法兰密封面应平整光滑,不得有毛刺及径向沟槽。法兰螺纹部分应完整,无损伤。凹凸面法兰应能自然嵌合,凸面的高度不得低于凹槽的深度。

③ 螺栓与螺母的螺纹应完整,不得有伤痕、毛刺等缺陷。螺栓与螺母应配合良好,不得有松动或卡涩现象。

④ 法兰垫片应符合以下要求:

a. 石棉橡胶垫、橡胶垫及软塑料等非金属垫片应质地柔韧,不得有老化变质或分层现象,表面不得有折损、皱纹等缺陷。

b. 金属垫片的加工尺寸、精度、光洁度及硬度应符合要求,表面不得有裂纹、毛刺、凹槽、径向划痕及锈斑等缺陷。

c. 金属包覆垫片及缠绕式垫片不得有径向划痕、松散、翘曲等缺陷。

⑤ 法兰端面应与管道中心线相垂直,其偏差值可采用角尺和钢尺检查,当管道公称直径不大于300 mm时,允许偏差值为2 mm。

⑥ 法兰连接时应保持平行,其偏差不得大于法兰外径的1.5‰,且不得大于

2 mm,不得采用紧螺栓的方法消除偏斜。

⑦ 法兰连接应保持同一轴线,其螺孔中心偏差不超过孔径的5%,并应保证螺栓自由穿入。

⑧ 法兰垫片应符合标准,不得使用斜垫片或双层垫片。采用软垫片时,周边应整齐,垫片尺寸应与法兰密封面相符。

⑨ 螺栓与螺孔的直径应配套,并使用同一规格螺栓,安装方向一致。紧固螺栓应对称均匀,紧固适度,紧固后螺栓外露长度不大于1倍螺距,且不得低于螺母。螺栓紧固后应与法兰紧贴,不得有楔缝。需要加垫片时,每个螺栓所加垫片每侧不应超过1个。

⑩ 法兰直埋时,必须对法兰和紧固件按管道相同的防腐等级进行防腐。

(五) 钢管除锈及焊口的清理

通常金属表面会附有尘埃、油污、氧化皮、锈蚀层、污染物、盐分或松脱的旧漆膜,其中氧化皮是较为常见但最容易被忽略的部分。氧化皮是在钢铁高温锻压成型时所产生的一层致密氧化层,通常附着比较牢固,但相比钢铁本身则较脆,并且其本身为阴极,会加速金属腐蚀。因此,钢管除锈是至关重要的环节,下面介绍除锈的等级划分。

1. 钢丝刷除锈

(1) 彻底的手工和动力工具除锈(St2):表面应无肉眼可见的油脂、污物、氧化皮、铁锈、油漆涂层和杂质。

(2) 非常彻底的手工和动力工具除锈(St3):同 St2,但应比 St2 处理得更彻底,金属底材呈金属光泽。

2. 喷砂除锈

(1) 轻度喷砂除锈(Sa1 级):表面应无可见的油脂、污物、附着不牢的氧化皮、铁锈、油漆涂层和杂质。

(2) 彻底的喷砂除锈(Sa2 级):表面应无可见的油脂、污物、氧化皮、铁锈、油漆涂层和杂质,基本清除干净,残留物应附着牢固。

(3) 非常彻底的喷砂除锈(Sa2.5 级):表面应无可见的油脂、污物、氧化皮、铁锈、油漆涂层和杂质,残留物痕迹仅显示点状或条纹状的轻微色斑。

(4) 喷砂除锈至钢材表面洁净(Sa3 级):表面应无可见的油脂、污物、氧化皮、铁锈、油漆涂层和杂质,表面具有均匀的金属色泽。

钢制燃气管道,特别是小管径燃气管道,在除锈过程中需注意以下几点:

① 无缝钢管清理:除锈后目测管面光洁,无毛刺、油污等,并露出金属光泽。

② 焊口及焊件组对,应将坡口及其内外侧不小于 20 mm 范围内清除干净。在采取热加工方法加工坡口时,必须除去坡口表面的氧化皮、熔渣,将凹凸不平处打磨平整后进行焊接。

③ 大管径燃气管道除锈时,坡口表面及距坡口 20 mm 范围内管道内外表面需打磨除锈,露出金属光泽;管道内表面距坡口 10 mm 范围内需打磨除锈,露出金属光泽。小管径燃气管道焊接安装时;内表面建议使用专用的电磨机进行除锈(一般磨光机无法对小管径内口进行打磨)。

(六)焊缝外观检查

在焊接生产中,施工单位只注重无损检测的结果,对焊缝的外观质量未能引起足够的重视,从而经常导致焊缝外观不合格而返工,降低了劳动生产效率。其实,焊缝外观检查是焊接质量控制的一个重要部分,检查方法简单、迅速,成本低廉,是可靠性很高的检查手段,故而被广泛用于检查焊缝的外观质量、外形尺寸、表面缺陷等。检查时可采用辅助工具,如:低倍放大镜、管道探测镜、焊缝检测尺(焊缝量规)等。在焊缝外观检查前应将熔渣、飞溅清理干净。

(1)管道在焊接完成后,需对焊缝的外观进行检查。外观检查合格后,申报无损检测,对外观检查不合格的情况拒绝予以无损检测。

(2)检查焊接飞溅和焊缝表面粗糙度、清洁度。焊缝在焊完后应立即去除渣皮、飞溅物,清理干净焊缝表面,然后进行焊缝外观质量检查。

(3)检查焊缝及其热影响区表面是否存在表面缺陷。在焊缝表面清理干净后,应立即对焊缝及其热影响区的表面进行外观质量检查,是否存在如表面气孔、咬边、焊瘤、裂纹、未熔合、根部未焊透、根部凸出等表面缺陷。焊缝在进行无损检测之前,焊缝表面及其附件的母材表面应经过外观质量检查合格,否则会影响无损检测结果的正确性和完整性。

(4)检查焊缝尺寸和焊件尺寸。焊缝外形尺寸应符合设计图样和工艺文件的规定,焊缝高度应不低于母材。规范明确规定了各类焊缝所允许的焊缝尺寸要求,包括焊缝余高、焊缝余高差、焊缝宽度、角变形量等等,并明确指出外观检查不合格的焊缝不允许进行其他项目的检验,施工单位必须注重提高焊缝的外观质量。

(5)作业班组需对检查的焊缝外观如实填写焊缝外观检查表。

(七)钢管防腐

防腐是指通过采取各种手段,保护容易锈蚀的金属物品,来达到延长其使用寿命的目的。通常采用物理防腐、化学防腐、电化学防腐等方法。

(1)物理防腐。适当配以与油性成膜剂起反应的颜料可以得到致密的防腐涂层,使物理防腐作用加强。

(2) 化学防腐。当有害的酸性、碱性物质渗入防腐涂层时，化学防腐能起中和作用变其为无害物质，这也是有效的防腐方法。尤其是巧妙地采用 ZnO、Al(OH)$_3$、Ba(OH)$_2$ 等两性化合物，可以很容易地中和酸性或碱性的有害物质而起防腐作用，或者能与水、酸反应生成碱性物质。这些碱性物质吸附在钢铁表面使其表面保持碱性，在碱性环境下钢铁不易生锈。

(3) 电化学防腐。从涂层的针孔渗入的水分和氧通过防腐涂层时，与分散在防腐涂层中的防锈颜料反应形成防腐离子。这种含有防腐离子的湿气到达金属表面，使钢铁表面钝化（电位上升），防止铁离子的溶出；或者利用电极电位比钢铁低的金属来保护钢铁，起到牺牲阳极的作用而使钢铁不易被腐蚀。

架空燃气钢管、埋地无缝钢管、3PE 螺旋埋弧焊管，在除锈后进行防腐时需注意以下几点：

① 架空钢管除锈合格后，按设计要求进行防腐，预留焊口做无损检测。

② 埋地无缝钢管除锈、无损检测合格后，刷环氧树脂漆。当采用聚乙烯胶黏带进行防腐时，聚乙烯胶黏带重叠应在 50% 以上，表面平整密实无皱折。

③ 3PE 螺旋埋弧焊管除锈、无损检测合格后刷环氧树脂漆。略干后采用液化气烘枪对防腐区进行加热，用配套热缩套进行防腐，边烘烤边用冷布手工赶出热缩套内空气，使热缩套表面平整密实无皱折边缘出胶即可。

使用热缩套进行防腐时，严格注意热缩套的接头搭接情况，严禁接头搭接不严，留有缝隙。作业班组对每道焊口的防腐除检查防腐质量，还需检查接头质量，使用工具沿防腐层按压一圈，检查是否搭接严实。

（八）无损检测

无损检测（NDT 或 NDE，Non-Destructive Examination），又称无损探伤，是在不损害或不影响被检测对象使用性能的前提下，采用射线、超声、红外、电磁等原理技术并结合仪器，对材料、零件、设备进行缺陷、化学、物理参数检测的技术。常见的如利用超声波检测焊缝中的裂纹。

常用的无损检测方法有：涡流检测（ET）、射线照相检验（RT）、超声检测（UT）、磁粉检测（MT）和液体渗透检测（PT）五种。其他无损检测方法还有：声发射检测（AE）、热像/红外（TIR）、泄漏试验（LT）、交流场测量技术（ACFMT）、漏磁检验（MFL）、远场测试检测方法（RFT）、超声波衍射时差法（TOFD）等。

1. 无损检测原理

无损检测是利用物质的声、光、磁和电等特性，在不损害、不影响被检测对象使用性能的前提下，检测被检对象中是否存在缺陷或不均匀性，并给出缺陷大小、位置、性质和数量等信息。与破坏性检测相比，无损检测有以下特点：第一是具有非破坏性，做检测时不会损害被检测对象的使用性能；第二具有全面性，由于检测是非破坏性的，因此必要时可对被检测对象进行100%的全面检测，这是破坏性检测办不到的；第三具有全程性，破坏性检测一般只适用于对制造用原材料进行检测，如机械工程中普遍采用的拉伸、压缩、弯曲等，对于产成品和在用品，除非不准备让其继续服役，否则是不能进行破坏性检测的，而无损检测因不损坏被检测对象的使用性能，所以它不仅可对制造用原材料、各中间工艺环节直至最终产成品进行全程检测，也可对服役中的设备进行检测。

2. 无损检测特点

概括起来，无损检测的特点是：非破坏性、互容性、动态性、严格性以及检测结果的分歧性等。

（1）非破坏性：是指在获得检测结果的同时，除了剔除不合格品外，不损失零件。因此，检测规模不受零件多少的限制，既可抽样检验，又可在必要时采用普检。因而，更具灵活性（普检、抽检均可）和可靠性。

（2）互容性：指检验方法的互容性，即同一零件可同时或依次采用不同的检验方法，而且又可重复地进行同一检验。这也是非破坏性带来的好处。

（3）动态性：无损探伤方法可对使用中的零件进行检验，而且能够适时考察产品运行期的累计影响，因而可查明结构的失效机理。

（4）严格性：指无损检测技术的严格性。首先，无损检测需要专用仪器、设备，同时，也需要专门训练的检验人员严格按照规程和标准进行操作。

（5）检验结果的分歧性：不同的检测人员对同一试件的检测结果可能会有分歧。特别是在超声波检验时，同一检验项目要由两个检验人员来完成，需要"会诊"。

3. 常用无损检测方法

（1）射线照相检测（RT）

射线照相检测是指用 X 射线或 γ 射线穿透试件，以胶片作为记录信息的无损检测方法。该方法是最基本、应用最广泛的一种非破坏性检验方法。

其原理为：射线能穿透肉眼无法穿透的物质使胶片感光，当 X 射线或 γ 射线照射胶片时，能使胶片乳剂层中的卤化银产生潜影，由于不同密度的物质对射线的吸收系数不同，照射到胶片各处的射线强度也就会产生差异，便可根据暗室处理后的底片各处黑度差来判别缺陷。

总的来说，RT 的定性更准确，有可供长期保存的直观图像，但总体成本相对较高，而且射线对人体有害，检验速度较慢。

（2）超声波检测（UT）

超声波检测是指通过超声波与试件相互作用,就反射、透射和散射的波进行研究,对试件进行宏观缺陷检测、几何特性测量、组织结构和力学性能变化的检测和表征,并进而对其特定应用性进行评价的技术。

超声波检测适用于金属、非金属和复合材料等多种试件的无损检测。可对较大尺寸范围内的试件内部缺陷进行检测,如对金属材料,既可检测厚度为 1～2 mm 的薄壁管材和板材,也可检测几米长的钢锻件;缺陷定位较准确,对面积型缺陷的检出率较高;灵敏度高,可检测试件内部尺寸很小的缺陷;检测成本低、速度快,设备轻便,对人体及环境无害,现场使用较方便。

对具有复杂形状或不规则外形的试件进行超声检测有困难,而且缺陷的位置、取向和形状以及材质和晶粒度都对检测结果有一定影响,检测结果也无直接见证记录。

4. 无损检测要求

(1) 管道内部质量的无损探伤数量,应按设计规定执行。当设计无规定时,抽查数量应不少于焊缝总数的 15%,且每个焊工应不少于一道焊缝。抽查时,应侧重抽查固定焊口。

(2) 敷设在地下室、半地下室、设备层和地上密闭房间以及竖井、住宅汽车库(不使用燃气,并能设置钢套管的除外)的燃气管道应符合下列要求:除阀门、仪表等部位和采用加厚管的低压管道外,均应焊接和法兰连接;应尽量减少焊缝数量,钢管道的固定焊口应进行 100% 射线照相检验,活动焊口应进行 10% 射线照相检验。

(3) 对穿越或跨越铁路、公路、河流、桥梁、有轨电车及敷设在套管内的管道环向焊缝,必须进行 100% 的射线照相检验。

(4) 当抽样检验的焊缝全部合格时,则认为此次抽样所代表的该批焊缝为全部合格;当抽样检验出现不合格焊缝时,对不合格焊缝返修后,应扩大检验范围。

(5) 每出现一道不合格焊缝,应再抽查两道该焊工所焊的同一批焊缝,按原探伤方法进行检验。

(6) 如第二次抽检仍出现不合格焊缝,则应对该焊工所焊全部同批的焊缝按原探伤方法进行检验。对发现的不合格焊缝必须进行返修,并应对返修的焊缝按原探伤方法进行检验。

(7) 同一焊缝的返修的次数应不超过 2 次。

(九) 电火花检测

绝缘防腐层属高电阻物质,金属管道属低电阻物质,当金属表面绝缘防腐层过薄时,就可能会形成漏铁、漏电微孔,在此处的电阻值和气隙密度都很小,当有高压经过时,会使气隙被击穿而产生火花放电,同时给报警电路产生一个脉冲信号,报警器发出声光报警,据此即可达到防腐层检漏的目的。

电压调节范围,可根据公式 $3249TC=V$ 进行调节,TC 为防腐层厚度,V 为需调节的电压值。一般情况下,挤压聚乙烯防腐层的检漏电压为 25 000 V;熔结环氧粉末防腐层、双层环氧防腐层的检漏电压为 5 V/μm。

电火花检测仪在使用过程中需注意以下事项:

(1) 使用前,操作人员应认真阅读仪器使用说明书,严格按操作规范使用,注意保护仪器,防止摔、碰和高温,勿置于潮湿和腐蚀性气体附近。

(2) 开机后,严禁探棒与大地接触;充电时,严禁带充电器开机。

(3) 保险丝损坏时,请使用相同规格的保险丝,严禁随意加大或者使用其他材料代替。

(4) 检测时要选择适当的接地点,以保证检测质量。

(5) 检测小体积金属物体表面防腐层,要将被检测的物体用绝缘体支撑 20cm 以上,然后将接地线良好地接在金属物体上检测。

(6) 检测大体积或平面物体,当被测物体与大地有良好的接触时,只需将接地线接入大地即可测试。

(7) 检测过程中,检测人员应戴上高压绝缘手套,任何人不得接触探极和被测物,以防触电。

(8) 被测防腐层表面应保持干燥,若沾有导电层(尘)或清水时,不易确定漏点的精确位置。

(9) 仪器不使用时,电源开关务必打在"关"的位置。

(10) 在测试完成上翻沟槽或者沟槽内遇见障碍需翻越时,必须先关闭机器,避免触电。

(11) 测试完有损伤部位,要及时进行修补,修补完成后,需再次进行检测。

(十) 质量管控

(1) 焊口表面潮湿、雨雪天气、焊工及焊件无保护措施时,严禁焊接。

(2) 焊条在使用前要进行适当的烘干,碱性焊条应进行 350～400 ℃的烘干,保温 1～2 h。酸性焊条应进行 150～200 ℃的烘干,保温 0.5～1 h。焊条烘干后应放在保温桶内留待焊接使用。

(3) 手工电弧焊时,若风力>8 m/s,氩弧焊时,若风力>2 m/s,均应采取防风措施,且两边管口必须进行临时性封堵。

(4) 常见的焊缝外观缺陷有以下几种:

① 焊缝成型差:焊缝波纹粗劣,焊缝不均匀、不整齐,焊缝与母材过渡不圆滑,焊接接头差,焊缝高低不平。

② 焊缝余高不合格：管道焊口焊缝局部余高大于 3 mm，局部出现负余高，余高差过大。

③ 焊缝宽窄差不合格：焊缝边缘不匀直，焊缝宽窄差大于 3 mm。

④ 咬边：焊缝与母材熔合不好，出现沟槽，深度大于 0.5 mm，总长度大于焊缝长度的 10% 或大于验收标准要求的长度。

⑤ 错边：焊缝两侧外壁母材不同轴，错口量大于 10% 母材厚度。

⑥ 弧坑：焊接收弧过程中形成表面凹陷，并常伴随着缩孔等缺陷。

⑦ 表面气孔：焊接过程中，熔池中的气体未完全溢出熔池（一部分溢出），而熔池已经凝固，在焊缝表面形成孔洞。

⑧ 表面夹渣：在焊接过程中，主要是在层与层间出现外部看到的药皮夹渣。

⑨ 表面裂纹：在焊接接头的焊缝、熔合线、热影响区出现的表面开裂缺陷。

⑩ 焊缝表面不清理或清理不干净，电弧擦伤焊件：焊缝焊接完毕，焊接接头表面药皮、飞溅物不清理或清理不干净，留有药皮或飞溅物；焊接施工过程中不注意，电弧擦伤管壁等焊件造成弧疤。

(5) 焊接材料质量控制。钢制燃气管道焊接材料必须有生产厂家出具的有效的质量保证书，金属化学成分及外形尺寸必须符合相应的国家标准。焊条烘干领出时必须装入焊条保温筒，在外放置不超过 4 h。回收可再利用的焊条，需重新烘干，焊条烘干不得超过 2 次。

(6) 焊接工艺评定试验。焊接工艺评定是对焊接工艺评定指导书中设计的各项工艺参数和措施的验证，焊接工艺评定必须由本单位焊工使用本单位设备，依照相应通用标准规定完成。合格与否，主要是通过被评定的焊接的各项理化结果来判断。试验结果若不合格，应分析原因，并重新制定工艺参数和工艺措施，或者对施焊焊工进行调换，再次进行评定，直至合格为止。

(7) 焊缝返修。与制定焊接工艺时的要求一样，制定的焊缝返修工艺也必须要有相应的返修工艺评定。焊缝的首次修补，由项目焊接责任师编制返修方案，确定返修工艺措施。同一部位 2 次以上的返修，其返修方案需经总工程师批准。焊缝的返修工作要由合格焊工担任，一般情况下，首次返修由焊接责任者担任，2 次以上返修由施焊中的优秀焊工担任。修补的长度不得小于 50 mm，同一部位修补的次数不得超过标准规定。

(8) 焊接设备管理。状态完好的焊接设备是保证焊接工作顺利进行、保证焊接质量的前提。焊接设备（包括焊条烘干设备）的电流、电压等仪表必须按规定校准，并应保持完好，保证在周检期内专人专管。当高强度橡套电焊机电缆超过 50 m 时，要测定电流表和电压表的示值与实际电流、电压值的差值。焊工要事先检查设备的完好程度和熟悉焊接设备的性能，电焊机要在空载下启动，不得超载使用。

(9) 焊工资格认证。从事压力管道焊接施工的焊工必须取得相应资格审定及资格认证后,持证上岗。取得焊工资格证书的焊工,在实际施工中,只能在资格证有效期内承担所规定的项目(包括焊接方法、管材种类、管径范围、壁厚范围、焊接材料、焊接方向及位置等)的焊接工作。承担燃气钢质管道、设备焊接的人员,必须具有锅炉压力、容器压力管道特种设备操作人员资格证、(焊接)焊工合格证书,且在证书的有效期及合格范围内从事焊接工作。间断焊接时间超过 6 个月,再次上岗前应重新考试;承担其他材质燃气管道安装的人员,必须经过专门培训,并经考试合格,间断安装时间超过 6 个月,再次上岗前应重新考试和技术评定。当使用的安装设备发生变化时,应针对该设备操作要求进行专门培训。

(10) 焊工的再教育。焊接工人技术水平的高低直接影响压力管道的焊接质量,因此结合具体项目,要经常组织焊工学习,不断提高焊工的理论水平和实际操作技能,建立焊工档案,实行奖罚制度,鼓励和促进焊工提高操作水平。

三、铸铁管安装

铸铁是含碳大于 2.1% 的铁碳合金,它是将铸造生铁(部分炼钢生铁)在炉中重新熔化,并加进铁合金、废钢、回炉铁调整成分而得到。与生铁的区别是铸铁是二次加工,且大都加工成铸铁件。铸铁件具有优良的铸造性,可制成复杂零件,一般有良好的切削加工性;还具有良好耐磨性和消震性、价格低等特点。

铸铁管(Cast Iron Pipe),是用铸铁浇铸成型的管子(见图 1.3.21)。铸铁管用于给水、排水和煤气输送管线,它包括铸铁直管和管件。按铸造方法不同,分为连续铸铁管和离心铸铁管,其中离心铸铁管又分为砂型和金属型两种。按材质不同,分为灰口铸铁管和球墨铸铁管。按接口形式不同,分为柔性接口、法兰接口、自锚式接口、刚性接口等。其中,柔性铸铁管用橡胶圈密封;法兰接口铸铁管用法兰固定,内垫橡胶法兰垫片密封;刚性接口铸铁管一般承口较大,直管插入后,用水泥密封,此工艺现已基本淘汰。

图 1.3.21 铸铁管

（一）常见铸铁及其性能

1. 球墨铸铁

在铁水（球墨生铁）浇注前加一定量的球化剂（常用的有硅铁、镁等），使铸铁中石墨球化。由于碳（石墨）以球状存在于铸铁基体中，改善其对基体的割裂作用，使球墨铸铁的抗拉强度、屈服强度、塑性、冲击韧性大大提高，并具有耐磨、减震、工艺性能好、成本低等优点，现已广泛替代可锻铸铁及部分铸钢、锻钢件，如曲轴、连杆、轧辊、汽车后桥等。常见的球墨铸铁如图1.3.22所示。

图1.3.22 球墨铸铁

2. 白口铸铁

白口铸铁中的碳全部以渗透碳体（Fe_3C）形式存在，因断口呈亮白色，故称白口铸铁。由于有大量硬而脆的 Fe_3C，白口铸铁硬度高、脆性大、很难加工。因此，在工业应用方面很少直接使用，只用于少数要求耐磨而不受冲击的制件，如拔丝模、球磨机铁球等，大多用作炼钢和可锻铸铁的坯料。

3. 可锻铸铁

可锻铸铁俗称玛钢，马铁。可锻铸铁是用碳、硅含量较低的铁碳合金铸成白口铸铁坯件，再经过长时间高温退火处理（可锻化退火），使渗碳体分解出团絮状石墨而成，即可锻铸铁是一种经过石墨化处理的白口铸铁。

4. 灰口铸铁

铸铁中的碳大部或全部以自由状态片状石墨存在，断口呈灰色（见图1.3.23）。

它具有良好的铸造性能,切削加工性好,减磨性、耐磨性好。加上它熔化配料简单,成本低,广泛用于制造结构复杂的铸件和耐磨件。灰口铸铁按基体组织不同,分为铁素体基灰口铸铁、珠光体-铁素体基灰口铸铁和珠光体基灰口铸铁三类。

由于灰口铸铁内存在片状石墨,而石墨是一种密度小、强度低、硬度低、塑性和韧性趋于零的组分。它的存在如同在钢的基体上存在大量小缺口,既减少承载面积,又增加裂纹源,所以灰口铸铁强度低、韧性差,不能进行压力加工。为改善其性能,浇注前在铁水中加入一定量的硅铁、硅钙等孕育剂,使珠光体基体细化。

图 1.3.23　灰口铸铁

(二) 铸铁管使用现状

在 20 世纪 70 年代至 90 年代初期,城市燃气管道工程中使用较多的是铸铁管,这些铸铁管为我国燃气事业发展发挥了重要作用。随着国家经济和社会的发展,社会对生命财产安全的重视程度在不断增强。而早期的城市铸铁燃气管,大量敷设在人口稠密的城市中心区地下,因管道破损漏气而引发的火灾、爆炸、中毒等恶性事故时有发生,给城市居民的生命财产造成巨大的损失,给社会带来不和谐因素,并严重影响经营企业的声誉。铸铁燃气管的耐腐蚀性能好,但材料抗拉强度小,性质较脆,容易受外围环境变化影响,如土壤流失、埋深不足、建(构)筑物违章占压等,导致管道受损漏气,且受损裂口较长,漏气量大。随着城市的快速发展,钢管、聚乙烯管道已逐步取代铸铁管。

(三) 管道安装

在城镇燃气中低压管网中,铸铁管具有运行安全可靠,施工维修方便、快捷,防腐性能优异等优点。但铸铁管易老化、热胀冷缩大、强度低、抗压性能差、可挠度差,施工不当易引起变形,造成泄漏。施工过程中受人为因素如操作水平、责任心等影响较大。所以,铸铁管施工过程中需注意以下事项。

(1) 铸铁管的安装应配备合适的工具、器械和设备。

(2) 应使用起重机或其他合适的工具和设备将管道放入沟槽中,不得损坏管材和保护性涂层。起吊或放下管道时,应使用钢丝绳或尼龙吊具;使用钢丝绳,必须使用衬垫或橡胶套。

(3) 管道连接前,应将管道中的异物清理干净。

图1.3.24 铸铁管连接

(4) 清除管道承口和插口端工作面的团块状物、铸瘤和多余的涂料,并整修光滑,擦干净。

(5) 在承口密封面、插口端和密封圈上涂一层润滑剂,将压兰盘安装在管道的插口端,使其延长部分唇缘面向插口端方向,然后将密封圈安装在管道的插口端,使胶圈的密封斜面也面向管道的插口方向(见图1.3.24)。

(6) 将管道的插口端插入到承口内,并紧密、均匀地将密封胶圈按进填密槽内,橡胶圈安装就位后不得扭曲。在连接过程中,承插接口环形间隙应均匀,其值及允许偏差应符合表1.3.6的规定。

表1.3.6 承插口环形间隙及允许偏差

管道公称直径(mm)	环形间隙(mm)	允许偏差(mm)
80~200	10	+3 −2
250~450	11	+4 −2
500~900	12	
1 000~1 200	13	

(7) 将压兰推向承口端,压兰的唇缘靠在密封胶圈上,插入螺栓。

(8) 应使用扭力扳手拧紧螺栓。拧紧螺栓顺序:底部的螺栓—顶部的螺栓—两边的螺栓—其他对角线的螺栓。拧紧螺栓时应重复上述步骤,分几次逐渐拧紧至其规定的扭矩。

(9) 螺栓宜采用可锻铸铁,当采用钢制螺栓时,必须采取防腐措施。

(10) 应使用扭力扳手来检查螺栓和螺母的紧固力矩,螺栓和螺母的紧固扭矩应符合表1.3.7的规定。

表1.3.7 螺栓和螺母的紧固扭矩

管道公称直径(mm)	螺栓规格	扭矩(kg f.m)
80	M16	6
100~600	M20	10

(11) 铸铁管按管口的对接(接口)形式,可分为滑入式(T型)、机械式(K型、

NⅡ型、SⅡ型)和法兰式三类(见图 1.3.25 至图 1.3.28),其中燃气管道铸铁管接口常用 NⅡ型、SⅡ型形式。

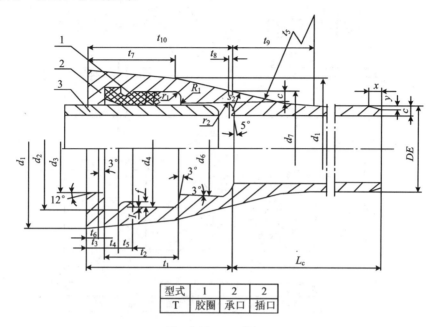

型式	1	2	2
T	胶圈	承口	插口

图 1.3.25 T 型接口

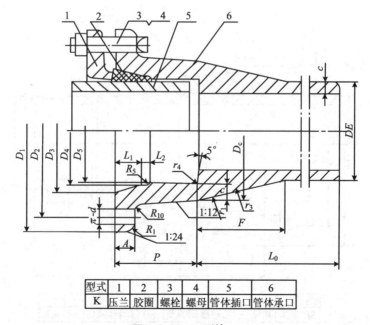

型式	1	2	3	4	5	6
K	压兰	胶圈	螺栓	螺母	管体插口	管体承口

图 1.3.26 K 型接口

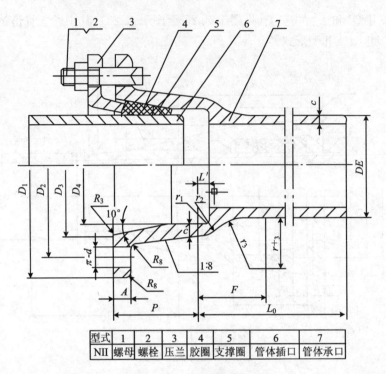

图 1.3.27　NⅡ型接口

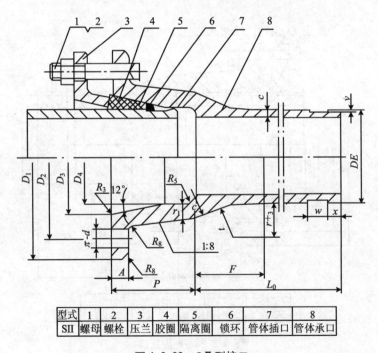

图 1.3.28　SⅡ型接口

(12) 管道安装就位前,应测量管段的坡度,并应符合设计要求。
(13) 管道或管件安装就位时,生产厂的标记宜朝上。
(14) 已安装的管道暂停施工时应临时封口。
(15) 管道最大允许借转角度及距离应不大于表1.3.8的规定。

表1.3.8 管道最大允许借转角度及距离

管道公称管径(mm)	80～100	150～200	250～300	350～600
平面借转角度(°)	3	2.5	2	1.5
竖直借转角度(°)	1.5	1.25	1	0.75
平面借转距离(mm)	310	260	210	160
竖向借转距离(mm)	150	130	100	80

注:上表适用于6m长规格的球墨铸铁管,采用其他规格的球墨铸铁管时,可按产品说明书的要求执行。

(16) 采用2根相同角度的弯管相接时,借转距离应符合表1.3.9的规定。

表1.3.9 弯管借转距离

管道公称直径(mm)	借高(mm)				
	90°	45°	22°30′	11°15′	1根乙字管
80	592	405	195	124	200
100	592	405	195	124	200
150	742	465	226	124	250
200	943	524	258	162	250
250	995	525	259	162	300
300	1 297	585	311	162	300
400	1 400	704	343	202	400
500	1 604	822	418	242	400
600	1 855	941	478	242	—
700	2 057	1 060	539	243	—

(17) 管道敷设时,弯头、三通和固定盲板处均应砌筑永久性支墩。
(18) 临时盲板应采用足够的支撑,除设置端墙外,应采用两倍于盲板承压的千斤顶支撑。

(四) 质量管控

铸铁燃气管的耐腐蚀性能好,但材料抗拉强度小,材质较脆,容易受外围环境变化影响。因此在铸铁管施工过程中需注重以下几点质量管控措施。

（1）安装前应对球墨铸铁管及管件进行检查，并应符合下列要求：

① 管道及管件表面不得有裂纹及影响使用的凹凸不平的缺陷。

② 使用橡胶密封圈密封时，其性能必须符合燃气输送介质的使用要求。橡胶圈应光滑、轮廓清晰，不得有影响接口密封的缺陷。

③ 管道及管件的尺寸公差应符合现行国家标准《水及燃气管道用球墨铸铁管、管件和附件》(GB/T 13295—2013)的要求。

（2）铸铁管及管件安装前，应清除承口内部和插口端部的油污、飞刺、铸砂及铸瘤，并应烤去承插部位的沥青涂层。柔性接口铸铁管及管件承口的内工作面、插口的外工作面应修整光滑，不得有影响接口密封性的缺陷。有裂纹的铸铁管及管件不得使用。

（3）铸铁管沿直线安装时，宜选用管径公差组合最小的管节组对连接，承插接口的环向间隙应均匀，承插口间的轴向间隙应不小于3 mm。

（4）在昼夜温差较大或负温下施工时，管子中部两侧应填土夯实，顶部应填土覆盖。

四、镀锌管安装

镀锌管(见图1.3.29)又称镀锌钢管，分热镀锌管(见图1.3.30)和电镀锌管两种。热镀锌管镀锌层厚，具有镀层均匀、附着力强、使用寿命长等优点。电镀锌管成本低，表面不是很光滑，其本身的耐腐蚀性比热镀锌管差很多。

图1.3.29 镀锌管

图1.3.30 热镀锌

热镀锌是使熔融金属与铁基体反应产生合金层，从而使基体和镀层二者相结合。先将钢管进行酸洗，以去除钢管表面的氧化铁；酸洗后，使用氯化铵或氯化锌水溶液，或氯化铵和氯化锌混合水溶液在槽中进行清洗；然后送入热浸镀槽中。

电镀锌也叫冷镀锌。管件经过除油、酸洗后，放入成分为锌盐的溶液中，并连接电解设备的负极，在管件的对面放置锌板，连接在电解设备的正极。接通电源，利用电流从正极向负极的定向移动在管件上沉积一层锌。冷镀管件是先加工后镀锌。冷镀锌的镀锌量很少，只有 $10\sim50~g/m^2$，其本身的耐腐蚀性比热镀锌管差很多。冷镀锌管严禁用作水、煤气管。

镀锌管广泛运用于各行各业，镀锌管的优点是金属锌在空气中能够形成致密氧化物保护层来保护内部的钢结构。在被划伤的情况下，由于 Zn-Fe 原电池的存在，相对活泼的镀锌部分可以作为牺牲阳极，延缓钢铁的锈蚀，同时各个结构死角均能到达，耐腐蚀性良好。在居民用户楼栋燃气输气中，大量采用了镀锌管。镀锌管的安装质量直接关系到燃气用户的安全，下面介绍镀锌管的施工要点。

（一）镀锌管尺寸

常见镀锌管尺寸见表 1.3.10。

表 1.3.10　镀锌管尺寸

规格		外径（mm）	壁厚（mm）	最小壁厚（mm）	焊管（6 m）		镀锌管（6 m）	
公称内径	英寸				米重（kg）	根重（kg）	米重（kg）	根重（kg）
DN15 镀锌管	1/2	21.3	2.8	2.45	1.28	7.68	1.357	8.14
DN20 镀锌管	3/4	26.9	2.8	2.45	1.66	9.96	1.76	10.56
DN25 镀锌管	1	33.7	3.2	2.8	2.41	14.46	2.554	15.32
DN32 镀锌管	1.25	42.4	3.5	3.06	3.36	20.16	3.56	21.36
DN40 镀锌管	1.5	48.3	3.5	3.06	3.87	23.22	4.10	24.60
DN50 镀锌管	2	60.3	3.8	3.325	5.29	31.74	5.607	33.64
DN65 镀锌管	2.5	76.1	4.0	3.5	7.11	42.66	7.536	45.21
DN80 镀锌管	3	88.9	4.0	—	8.38	50.28	8.88	53.28
DN100 镀锌管	4	114.3	4.0	—	10.88	65.28	11.53	69.18

（二）室内燃气管施工

室内燃气管施工时，先要读懂图纸，阅读技术交底，了解图意；要注意阀门、补偿器、登高管、托架、管道变径、入户室内水平管的位置以及挂表位置；做好人员、设备、材料的配备准备工作。

① 人员配备：根据工程量的大小，工期的长短，施工现场的需求，合理调配作业班组。

图 1.3.31　电动套丝机

② 设备配备：根据现场接水、接电的情况，配备电缆、配电箱、水桶、水管，以及钻孔机、切割机、套丝机（如图 1.3.31）、各种规格的管钳、活动扳手、电钻、磨光机、电焊机、空压机、施工车辆等工具设备。

③ 材料配备：根据施工现场情况的需要，合理配备。

室内燃气管在施工过程中，需注意以下事项：

（1）钻孔：严格按图施工，注意用电安全。每道立管的楼板洞应该同轴，吊线定位施工；在燃气管道安装过程中，未经原建筑设计单位的书面同意，不得在承重的梁、柱和结构缝上开孔，不得损坏建筑物的结构和防火性能；保持施工场地清洁，注意对已刷涂料墙面的保护，及时清理施工垃圾。室内燃气管道与装饰后墙面净距离应满足表 1.3.11 要求。

表 1.3.11　室内燃气管道与装饰后墙面净距离

管子公称尺寸	与装饰后墙面净距(mm)
<DN25	≥30
DN25～DN40	≥50
DN50	≥70
>DN50	≥90

钻孔时，固定好顶杆使之稳固，下压力量适度，钻孔过程中在钻头部位适当加水，起降温和润滑作用。钻孔时要按规定更换钻头，不同管径用不同大小钻头。

（2）下料：通常下料前，要到现场测量楼层的高度。

（3）镀锌管攻制螺纹：螺纹应光滑端正，无斜丝、乱丝、断丝或脱落，缺损长度不得超过螺纹数的 10%。现场攻制的管螺纹数，一般 dn≤DN20 螺纹数为 9～11 丝，DN20<dn≤DN50 螺纹数为 10～12 丝，DN50<dn≤DN65 螺纹数为 11～13 丝，DN65<dn≤DN100 螺纹数为 12～14 丝。攻制时，DN25 以上管径建议二次进丝，并且用满档攻制，使用机油或冷却液润滑，保证丝扣质量。

（4）生料带缠绕：缠绕时应按顺时针方向缠绕，并且绷紧，在进丝时不会松劲脱离。

（5）安装：安装时选用适当的工具，拧紧后外露螺纹宜为 1～3 扣。三通口朝向方便挂表。根据立管离墙远近和挂表位置，建议以 15°≤三通口与墙夹角≤30°

为最佳。三通口及时封堵,避免污物进入管道内。立管安装应垂直,每层偏差不应大于 3 mm/m,全长不大于 20 mm。

(6) 支架:管道支架、托架、吊架、管卡的安装应符合下列要求。

① 管道的支架应安装稳定、牢固,支架位置不影响管道的安装、维修与维护。

② 每个楼层的立管至少应设支架 1 处。

③ 当水平管道上设有阀门时,应在阀门的进气侧 1 m 范围内设支架并应尽量靠近阀门。

④ 与不锈钢波纹软管、铝塑复合管直接相连的阀门应设有固定底座或管卡。

⑤ 钢管支架的最大间距宜按表 1.3.12 选择。

表 1.3.12　钢管支架最大间距

管径	最大间距(m)	管径	最大间距(m)	管径	最大间距(m)	管径	最大间距(m)
DN15	2.5	DN40	4.5	DN100	7.0	DN250	14.5
DN20	3.0	DN50	5.0	DN125	8.0	DN300	16.5
DN25	3.5	DN65	6.0	DN150	10.0	DN350	18.5
DN32	4.0	DN80	6.5	DN200	12.0	DN400	20.5

⑥ 水平管道转弯处应在以下范围内设置固定托架或管卡座:

a. 钢制管道不应大于 1.0 m。

b. 不锈钢波纹软管、铜管道、薄壁不锈钢管管道每侧不应大于 0.5 m。

c. 铝塑复合管每侧不应大于 0.3 m。

⑦ 支架的结构形式应符合设计要求,排列整齐,支架与管道接触紧密,支架安装牢固,固定支架应使用金属材料。

⑧ 当管道与支架为不同种类的材质时,二者之间应采用绝缘性能良好的材料进行隔离或采用与管道材料相同的材料进行隔离。

(7) 套管:选用同类管材作为套管,宜为大两号管子(参照表 1.3.13)。楼板套管下端应与楼板底齐平,上端高于最终形成的地面,穿墙套管两端应与墙面齐平。套管内要用填充物填实,并且要封堵牢固,不漏水、不脱落。

表 1.3.13　燃气管道的套管公称尺寸

管径	DN10	DN15	DN20	DN25	DN32	DN40	DN50	DN65	DN80	DN100	DN150
套管	DN25	DN32	DN40	DN50	DN65	DN65	DN80	DN100	DN125	DN150	DN200

(8) 强度试验:强度试验压力应为设计压力的 1.5 倍且不得低于 0.1 MPa。

(9) 严密性试验:严密性试验范围应为引入管阀门至燃具前阀门之间的管道。

通气前还应对燃具前阀门至燃具之间的管道进行检查。低压燃气管道严密性试验的压力计量装置应采用 U 形压力计。

(三) 户外立管施工

近年来,天然气作为一种清洁高效的能源,越来越受到广大居民的欢迎。但由于有的住宅楼厨房空间有限,各种管道、电器设施纵横交叉,并且厨房灶台、吊顶已经装潢完毕,远远不能满足室内天然气管道施工及设计规范要求,再加上个别燃气用户为了一己私利,私自改装燃气设施,乱接滥用,带来极大的安全隐患。针对上述情况,燃气企业为了规范燃气市场管理,通常将燃气管道安装在室外,进行集中挂表,统一管理。在燃气管道安装施工中,室外立管的座板式单人吊具悬吊作业,因其技术要求相对较高、安装难度相对较大、对工程质量及施工安全的影响较大等原因,成为施工环节中的重点。下面简要介绍室外立管座板式单人吊具悬吊作业施工过程中的技术要求及安全管控。

1. 室外立管座板式单人吊具悬吊作业要求

(1) 室外立管吊装作业时,挂点装置要求如下:
① 座板式单人吊具的总载重量不大于 165 kg。
② 挂点装置静负荷承载能力至少为全部负载的 2.5 倍。
③ 屋面钢筋混凝土结构件的静负荷承载能力大于总载重量的 2.5 倍时,允许将屋面钢筋混凝土结构件作为挂点装置的固定栓固点。在栓固前应按建筑资料核实静负荷承载能力,无建筑资料的应由经过专业培训的项目负责人检查通过后签字确认。
④ 利用屋面钢筋混凝土结构件作为挂点装置时,固定栓固点应为封闭型结构,防止工作绳、柔性导轨从栓固点脱出。
⑤ 严禁利用屋顶烟囱、通气孔、避雷线等结构作为挂点装置。
⑥ 无女儿墙的屋面不准采用配重物形式作为挂点装置。
⑦ 每个挂点装置只供一人使用。
⑧ 工作绳与柔性导轨不准使用同一挂点装置。
(2) 悬吊下降系统要求如下:
① 悬吊下降系统工作总载重量应不大于 100 kg。
② 当作业人员发生坠落悬挂时,悬吊下降系统的所有部件应保证与作业人员分离。
③ 工作绳、柔性导轨、安全短绳必须同时配套使用。
(3) 坠落保护系统要求如下:
① 每个作业人员应单独配置坠落保护系统。

② 自锁器在发生坠落锁止后无法自动解锁,需借助人工明确动作才能打开。

2. 室外立管吊装安全要求

(1) 工作绳、柔性导轨出现下列情况之一时,应立即报废。
① 被切割、断股、严重擦伤、绳股松散或局部破损。
② 表面纤维严重磨损,局部绳径变细,或任一绳股磨损达原绳股的1/3。
③ 内部绳股出现破断,有残存碎纤维颗粒。
④ 发霉变质,酸碱烧伤,热熔化或烧焦。
⑤ 表面过多点疏松,腐蚀。
⑥ 插接处破损,绳股拉出。
⑦ 编织绳的外皮磨破。

(2) 安装前应检查挂点装置、座板装置、绳、带的零部件是否齐全,连接部位是否灵活可靠,有无磨损、锈蚀、裂纹等情况。发现问题应及时处理,不准带故障安装或作业。

(3) 安装应由经过专业培训合格的人员按产品说明书的安装要求进行,安装完毕应经安全检查员检查通过签字认可方可投入使用。

(4) 每次作业前应检查的项目见表1.3.14,检查应有记录,每项检查应有检查责任人签字确认。

表1.3.14 安全检查项目表

检查项目	内容
建筑物支撑处	能否支承吊具的全部重量
工作绳、柔性导轨、安全短绳	是否有锈蚀、磨损断股现象
屋面固定架	配重和销钉是否完整牢固
自锁器	动作是否灵活可靠
坠落悬挂安全带	是否损伤
挂点装置	是否牢固可靠,承载能力是否符合要求,绳结应为死结,绳扣不能自动脱出
建筑物凸缘或转角处的衬垫	是否垫好:在作业过程中随时检查衬垫是否脱离绳索
劳动保护用品	是否穿戴

(5) 悬吊作业时屋面应有经过专业培训的安全员监护。悬吊作业区域下方应设警戒区,其宽度应符合规范要求,在醒目处设置警示标志并有专人监护,悬吊作

业时警戒区内不得有人、车辆和堆积物。

(6) 工作绳、柔性导轨应注意预防磨损，在建筑物的凸缘或转角处应垫有防止绳索损伤的衬垫，或采用马架。

(7) 作业时应佩戴符合《安全帽》(GB 2811—2007)要求的安全帽，根据作业需要佩戴防护手套。

(8) 在垂放绳索时，作业人员应系好安全带。绳索应先在工作挂点装置上固定，然后顺序缓慢下放，严禁整体抛下。

(9) 无安全措施时，严禁在女儿墙上做任何活动。

(10) 停工期间应将工作绳、柔性导轨下端固定好，防止因大风等因素造成人员伤害及财产损失。

(11) 每天作业结束后应将悬吊下降系统、坠落防护系统收起，整理好。

(12) 工作绳、柔性导轨应放在干燥通风处，并应盘整好悬吊保存，不准堆积踩压。

(13) 严禁将已经报废的工作绳作为柔性导轨使用。

(14) 严禁使用含氢氟酸的清洗剂。

(15) 采用座板式单人吊具悬吊作业的企业应取得座板式单人吊具悬吊作业安全资质。

(16) 作业人员应接受高处悬吊作业的岗位培训，取得座板式单人吊具悬吊作业证后，持证上岗作业。

(17) 作业人员必须年龄在18周岁以上，有初中以上文化程度。就业前应体检合格，无不适应高处特种作业的疾病或生理缺陷。酒后、过度疲劳、情绪异常者不得进行悬吊作业。

(18) 悬吊作业地点风力大于5级时，严禁悬吊作业。大雾、大雪、凝冻、雷电、暴雨等恶劣气候条件下，严禁悬吊作业。

(四) 质量管控

(1) 室内明设或暗封形式敷设的燃气管道与装饰后墙面的净距离，应满足维护、检查的需要，作业班组要100%自检，施工员不小于5%比例抽检。

(2) 立管安装应垂直，每层偏差应不大于3 mm/m且全长不大于20 mm。当因上层与下层墙壁壁厚不同而无法垂于一线时，宜做乙字弯进行安装。当燃气管道垂直交叉敷设时，大管宜置于小管外侧，作业班组100%进行自检，施工员不小于5%比例进行抽检。

(3) 当室内燃气管道与电气设备、相邻管道、设备平行或交叉敷设时，其最小净距离符合表1.3.15要求，作业班组100%进行自检，施工员不小于10%比例进行抽检。

表 1.3.15 室内燃气管道与电气设备、相邻管道、设备之间的最小净距(cm)

名称		平行敷设	交叉敷设
电气设备	明装的绝缘电线或电缆	25	10
	暗装或管内绝缘电线	5(从所作的槽或管子的边缘算起)	1
	电插座、电源开关	15	不允许
	电压小于 1 000 V 的裸露电线	100	100
	配电盘、配电箱或电表	30	不允许
相邻管道		应保证燃气管道、相邻管道的安装、检查和维修	2
燃具		主立管与燃具水平净距不应小于 30 cm；灶前管与燃具水平净距不得小于 20 cm；当燃气管道在燃具上方通过时，应位于抽油烟机上方，且与燃具的垂直净距应大于 100 cm	

(4) 建筑物设计沉降量大于 50 mm 时，可对燃气引入管采取以下补偿措施：
① 加大引入管穿墙处的预留洞尺寸。
② 引入管穿墙前水平或垂直弯曲 2 次以上。
③ 引入管穿墙前设置金属柔性管或波纹补偿器。

(5) 燃气支管宜明设。燃气支管不宜穿过起居室，敷设在起居室、走道内的燃气管道不宜有接头。

当穿过卫生间、阁楼或壁柜时，燃气管道应采用焊接连接(金属软管不得有接头)，并应设在钢套管内。

(6) 室内燃气管道的下列部位应设置阀门：
① 燃气引入管。
② 调压器前和燃气表前。
③ 燃气用具前。
④ 测压计前。
⑤ 放散管起点。

(7) 进行强度试验前，管内应吹扫干净。在低压燃气管道系统达到强度试验压力时，稳压不小于 0.5 h 后，应用发泡剂检查所有接头，无渗漏、压力计量装置无压力降为合格。

(8) 室内燃气系统的严密性试验应在强度试验合格之后进行。试验压力应为设计压力且不得低于 5 kPa。在试验压力下，居民用户应稳压不少于 15 min，商业和工业企业用户稳压不少于 30 min，并用发泡剂检查全部连接点，无渗漏、压力计量装置无压力降为合格。

当试验系统中有不锈钢波纹软管、覆塑铜管、铝塑复合管、耐油胶管时,在试验压力下的稳压时间应不小于1 h,除对各密封点检查外,还应对外包覆层端面是否有渗漏现象进行检查。

(9) 为能保证镀锌管套丝满足规范要求,镀锌管可以统一攻制螺纹,专人负责检查合格后现场进行安装。

五、薄壁不锈钢管安装

薄壁不锈钢管(见图1.3.32)是指壁厚与外径之比不大于6%的不锈钢管道。目前燃气行业使用的薄壁不锈钢管要求壁厚不小于0.6 mm。

图1.3.32 薄壁不锈钢管

随着我国国民经济的快速发展,城镇住宅、公共建筑和旅游设施大量兴建,对流体(水、燃气)输送、供应提出了新的要求。在输送管道中,各种新型塑料管及复合管得到迅速发展,但各种管材还不同程度地存在着一些不足,远不能完全满足人们的需要和对流体输送的要求。《城镇燃气室内工程施工与质量验收规范》(CJJ 94—2009)将薄壁不锈钢管列为室内燃气管道的选用管材,这是对薄壁不锈钢管多年来在燃气领域中的应用给予的充分肯定。薄壁不锈钢管具有安装简便、安全可靠、因其管壁较薄(但其强度并不低)而成本较低、使用寿命较长(大致为铜管的2倍,碳钢管的2.5~4倍,复合管的2~3倍)等优点,其应用于燃气室内管道的综合性价比较高,因此薄壁不锈钢管已成为目前较为理想的燃气室内用管材,具有较广阔的开发和应用前景。

(一) 室内燃气管的基本要求

室内燃气管道要承受一定的压力,燃气泄漏将会导致爆炸、火灾,造成人员伤亡和经济损失。因此,对室内燃气管道管材的基本要求是:有足够的机械强度(抗拉强度、延伸率),连接性好,具有不透气性。要满足管材的基本要求,应从以下几方面进行选材。

1. 材料的强度性能

管道材料的强度性能应从抗拉强度极限、屈服极限、延伸率等几个参数进行分析。这几个参数因材质不同而有较大的变化,钢管的抗拉强度极限一般为 335～565 MPa,屈服极限一般为 205～480 MPa,钢的延伸率越大,其屈服极限越低,塑性越好,越易焊接加工。

2. 材料的断裂韧性

管道断裂分为韧性断裂和脆性断裂。过大的拉应力和裂纹缺陷是韧性断裂的主要原因,低温、应力和裂纹缺陷三个条件共同作用是脆性断裂的主要原因。为了防止管道在工作条件下断裂,在管材生产和施工过程中应注意消除管道裂纹缺陷并减小外应力。

3. 材料的可靠连接性能

要求管材在一定的连接(焊接、机械连接等)工艺方法、工艺参数和结构形式条件下,能够具有可靠的连接性能。

4. 材料的抗腐蚀性能

城镇燃气一般是经过净化的燃气,可以不考虑管道的内壁腐蚀。室内燃气管道长期裸露于大气中,应考虑管道外壁的抗腐蚀能力,特别是在大气环境比较恶劣的大城市,更应该注意此项性能。

5. 材料的温差适应性

在恶劣环境条件下,如低温(-20～0 ℃)、高温(40～70 ℃)时,管材不发生低温脆裂和高温变形。

薄壁不锈钢管是利用不锈钢热轧钢板(带)或热轧纵剪钢带经辗压、卷制、焊接而成,是能够满足上述要求的室内燃气管材之一。薄壁不锈钢管具有耐腐蚀、外表美观、重量轻等优点,适用于低压燃气的输送,特别适用于对外观要求较高的中、高档小区。

(二)燃气薄壁不锈钢管的性能

1. 基本性能

(1) 材料强度高。与其他各种常见材料相比,薄壁不锈钢管的材料强度高,不同管材的强度比较见表 1.3.16。

表 1.3.16 不同管材的强度比较

管材	304 不锈钢管	碳钢管	铜管	塑料管
抗拉强度(MPa)	530～750	300	200	20

(2) 耐腐蚀性能好。不锈钢管之所以具有优异的耐腐蚀性能,是因为其可以与氧化剂发生钝化作用,在表面形成一层坚韧致密的 Cr_2O_3 富铬氧化保护膜,而其他碳钢管、铜管等的钝化能力很小。

(3) 使用寿命长。与其他各种常见材料相比,薄壁不锈钢管的使用寿命较长,不同管材的使用寿命比较见表 1.3.17。

表 1.3.17 不同管材的使用寿命

管材	304 不锈钢管	碳钢管	铜管	复合管	塑料管
使用寿命(年)	50～70	15	30～50	15～30	25

2. 安全性能

(1) 强度高的管材是安全性的基础。由表 1.3.16 可知,奥氏体不锈钢材质的薄壁不锈钢管,其抗拉强度是碳钢管的 2 倍、铜管的 3 倍、塑料管的 10～15 倍。高强度的不锈钢管承压较高,能承受外力冲击和较高的输送压力,是安全性好的基础。

(2) 耐腐蚀性好的管材是安全性的保障。就耐腐蚀性能而言,不锈钢管是金属管中的佼佼者,它在各种含氧量、温度、pH 值溶液中均有良好的耐腐蚀性,即使表面受损,也能很快在常态下自然氧化愈合,因此一般不会发生局部腐蚀,能切实保障管道的安全性。

(三) 不锈钢管施工

薄壁不锈钢管具有安全、卫生、强度高、耐腐蚀、寿命长、免维护、美观等特点,并且安装方便、连接可靠性高,目前大量应用于建筑给水和直饮水管道,使用情况良好。借鉴给水工程的成功经验目前逐步应用到燃气管道中,下面简要介绍薄壁不锈钢管作为燃气管道的施工要点。

1. 不锈钢管连接方法

《城镇燃气室内工程施工与质量验收规范》(CJJ 94—2009)推荐的薄壁不锈钢管的连接方式主要有承插氩弧焊式、卡套式、卡压式、环压式等几种较成熟的连接方式。

(1) 承插氩弧焊式连接:承插氩弧焊是将管道插入管件承口,用钨极氩弧焊(TIG 焊)将两连接件熔焊焊接而成一体的连接方式。其优点是连接强度高,缺点是施工技术要求高,有时内外氩气保护在施工现场较难实现。承插氩弧焊式连接见图 1.3.33。

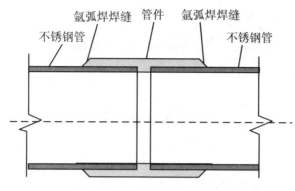

图 1.3.33　承插氩弧焊式连接

(2) 卡套式连接：卡套式(也称卡凸式)连接是用锁紧螺帽和螺纹管件将管道压紧于管件上的连接方式。其优点是操作方便，易于安装；缺点是连接强度不够高，抗外力能力较差。

(3) 卡压式连接：卡压式连接是将O形密封圈，用专用卡压工具压入连接处，钳压后断面呈六边形的一种挤压式连接方式。其优点是操作方便，易于安装；缺点是连接强度不够高，抗外力能力差。卡压式连接见图 1.3.34。

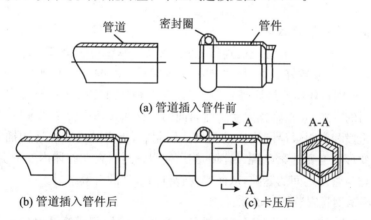

(a) 管道插入管件前

(b) 管道插入管件后　　(c) 卡压后

图 1.3.34　卡压式连接

(4) 环压式连接：环压式连接是将套有圆筒状弹性体密封圈的管道插入环压式管件的承口，用专用工具从外部沿承口圆周施压，使承口连同管道一起局部下凹变形，压缩承口的密封段，从而达到管道管件紧固密封的一种连接方式。其优点是操作方便，易于安装，连接强度高；缺点是密封圈和管件不是整体件，安装中要特别注意其密封效果。环压式连接见图 1.3.35。

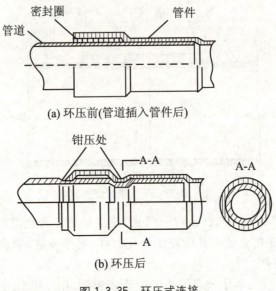

图 1.3.35 环压式连接

2. 薄壁燃气不锈钢管施工

不锈钢管有承插氩弧焊式、卡套式、卡压式、环压式等连接方式,各有特点,其中环压式连接是一种较有特色的连接方式,在燃气薄壁不锈钢管道连接中具有一定的优势,连接效果较好。下面介绍环压式连接操作时的注意事项。

(1) 不锈钢管环压连接原理:环压连接是一种通过冷挤压手段实现管材与管件连接密封的方式,它是将预先套上密封圈的管材插入环形管件的承口,从外部对承口的稳定段和密封段沿圆周方向施压。压制中,承口的稳定段连同插入的管材一起下凹变形后抱死锁紧;对密封段的施压使得密封材料在腔体内变形流动,以充分填充管材与管件之间的缝隙,从而实现管材与管件的有效密封。

(2) 不锈钢管安装注意事项:

① 管材的切割应采用专用切割机具。采用砂轮切割或修磨时应使用专用砂轮片。管材端面失圆而无法插入管件时,应使用专用整形器将管材断面整形至可插入管件承口底端为止。

② 切口端面应平整,无裂纹、毛刺、凹凸、缩口、残渣等。切口端面的倾斜(与管中心轴线垂直度)偏差不应大于管材外径的 5%,且不得超过 3 mm;凹凸误差不得超过 1 mm。

③ 不锈钢管道环压连接,应根据管道公称直径选用相应规格型号的环压钳。操作前应保持上下环压钳内模具清洁。

④ 根据施工要求测量所需长度切割管材。管材在切断前需确认没有损伤和

变形,使用专用切割器顺管子轴心线旋转切割。切割时不要用力过大以防失圆,切割后应清除管端的毛刺和切削,将黏附在管子内外的垃圾和异物用棉布式纱布擦干净。

⑤ 除去管材保护膜,将管材插入管件承口至底端,并用画线笔沿管件端在管材外壁上画线;然后抽出管材,将密封圈套在管材上;插入管件承口至底端,使管材深度标记与管件边缘对齐,再把密封圈推入管件与管材之间的密封腔内。

⑥ 安装环压设备时需确认管件和管材必须垂直于环压模具着色面方可环压操作。环压时,操作油泵对环压钳施压。直至上下环压模具完全闭合,稳压 3 s 后卸压,环压操作完成。

⑦ 公称直径 65~100 mm 的管材与管件的环压连接,除按上述操作外,还须做二次环压。二次环压时,将环压钳向管材方向平移一个密封带长度,再进行一次环压操作。

⑧ 户内不锈钢管道安装一般由横管和立管组成,要求横管平直、立管垂直度偏差不超过 2%。排卡每层 2 个均匀安放,平直管道放入相应卡槽并用螺栓固定。

⑨ 管道穿墙安装时需加装套管防护,套管与燃气管之间用发泡剂填实。户内管道按设计要求位置用支架管卡固定,并与其他管道设备保持一定间距。

(3) 薄壁不锈钢管道系统与其他管材管件连接:

① 公称直径为 15~50 mm 的管道与其他管道连接时,应采用环压连接薄壁不锈钢管专用的转换连接件与其螺纹连接或法兰连接。

② 公称直径为 65~100 mm 的管道系统与其他管材连接时应采用法兰连接。

(四) 质量管控

(1) 管材安装时不要刮、划伤卡压式管件的橡胶密封圈并保持管件内部和管材连接部的洁净。

(2) 环压作业前需确认管接件是否插入到位,插入时可适当用水润滑,但不得使用任何润滑油(脂)。

(3) 安装环压钳时,卡压模具应放入模具座中,两半卡压模具上的标记要在同一平面上。

(4) 密封端压接部位 360°压痕应凹凸均匀,管件端面与管材结合应紧密无间隙。

(5) 管件端面与管材压合缝处挤出的密封圈的部分能自然断掉或简便地去除。

(6) 当环压连接质量达不到要求时,应成套更换环压钳模具组件或将模具送修。

第四节 管道附属设备安装

一、阀门安装

阀门是燃气管道中重要的控制设备,用以切断和接通管线,调节燃气的压力和流量。燃气管道的阀门常用于管道的维修,减少放空时间,及时控制燃气管道事故风险。因此对它的质量和可靠性有以下严格要求:即严密性好、强度可靠、耐腐蚀。目前城镇燃气管网系统的阀门从材质方面主要分为钢制阀门、铜制阀门及聚乙烯阀门。

(一) 阀门安装一般规定

(1) 阀门安装时应具备以下条件:
① 各种技术资料齐全、完整(如合格证、试验记录等)。
② 阀门经检查、试压合格,且符合设计要求。
③ 填料充实、填放正确,其压盖螺栓有足够的调节余量。
④ 管道、管件经检查已合格,相关技术文件齐全;内部已清理干净、无杂物。
⑤ 连接阀门的法兰、密封面应清洁,无污垢,无机械损伤。
⑥ 连接部位已固定。
(2) 对于重要的控制环节、调节点、经常启闭的部位宜设置双阀。
(3) 止回阀、安全阀、减压阀等阀门的安装方位应符合设计或产品说明书的要求。
(4) 阀门在安装及运输时,应注意保护手轮,防止碰撞或冲击。
(5) 大型阀门安装时,应预先安装好有关的支架,不得将阀门的重量附加在设备或管道上。

(二) 阀门安装技术要求

(1) 安装前应按设计文件核对其型号,检查阀芯的开启度和灵活度,并根据需要对阀体进行清洗、上油。
(2) 安装有方向性要求的阀门时,阀体上的箭头方向应与燃气流向一致。
(3) 法兰或螺纹连接的阀门应在关闭状态下安装,焊接阀门应在打开状态下安装。焊接阀门与管道连接焊缝宜采用氩弧焊打底。

(4) 安装时,吊装绳索应拴在阀体上,严禁拴在手轮、阀杆或转动机构上。

(5) 阀门安装时,与阀门连接的法兰应保持平行,其偏差应不大于法兰外径的 1.5‰,且不得大于 2 mm。严禁强力组装,安装过程中应保证受力均匀,阀门下部应根据设计要求设置承重支撑。

(6) 法兰连接时,应使用同一规格的螺栓,并符合设计要求。紧固螺栓时应对称均匀用力,松紧适度,螺栓紧固后螺栓与螺母宜齐平,不得低于螺母。

(7) 在阀门井内安装阀门和补偿器时,阀门应与补偿器先组对好,然后与管端法兰组对,将螺栓与组对法兰紧固好后,方可进行管道与法兰的焊接。

(8) 对直埋的阀门,应按设计要求做好阀体、法兰、紧固件及焊口的防腐。

(9) 安全阀应垂直安装,在安装前必须经法定检验部门检验并铅封。

(三) 阀门安装质量管控要点

(1) 阀门在安装前应逐个进行外观检查和启闭检查,其质量应符合以下规定:

① 外表不得有裂纹、砂眼、机械损伤、锈蚀等缺陷和缺件、脏污、铭牌脱落及色标不符等情况。阀体上的有关标志应正确、齐全、清晰,并符合相应标准规定。

② 阀体内应无积水、锈蚀、脏污和损伤等缺陷,法兰密封面不得有径向划槽及其他影响密封性能的损伤。阀门两端应有防护盖保护。

③ 球阀和旋塞阀的启闭件应处于开启位置,其他阀门的启闭件应处于关闭位置,止回阀的启闭件应处于关闭位置并做临时固定。

④ 阀门的手柄或手轮应操作灵活轻便、无卡涩现象。止回阀的阀瓣或阀芯应动作灵活正确,无偏心、移位或歪斜现象。

⑤ 旋塞阀的开闭标记应与通孔方位一致。装配后,塞子应有足够的研磨余量。

⑥ 主要零部件如阀杆、阀杆螺母、连接螺母的螺纹应光洁,不得有毛刺、凹疤与裂纹等缺陷,外露的螺纹部分应加螺纹保护套予以保护。

(2) 阀门应按批抽查 10% 且不少于 1 件进行尺寸检查。若有不合格,再抽查 20%;若仍有不合格,则逐个检查。

(3) 阀门安装前应进行水压试验。

① 对试验用压力表的要求:试验用压力表必须经校验合格,且在有效期内,量程为被测压力的 1.5~2 倍,阀门试验(含安全阀密封试验)用压力表精度不得低于 1.5 级,安全阀试验用压力表精度应不低于 1.0 级。试验系统压力表应不少于两块,在试压泵及被测定的阀门出口处各装一块(出口处的压力较为稳定)。

② 阀门壳体试验:取下阀门防护板,吊起阀门垂直放于地面,在阀门两端口安装金属垫片,用盲板封堵,进行壳体试验。用试压泵将洁净水注入阀腔内,由排气阀排出阀腔内空气,逐步升压至试验压力并保压不少于 5 min,壳体、填料无渗漏为

合格。其中试验压力为20℃时允许最大工作压力的1.5倍。

③阀门密封性试验(见图1.4.1和图1.4.2)。

图1.4.1 钢制阀门密封性试验　　　　图1.4.2 聚乙烯阀门密封性试验

阀门的密封性试验应使用洁净水进行。试验压力为阀门的最大工作压力的1.1倍。

对蝶阀、止回阀进行密封性试验时,压力应从工作介质出口的一端引入,在另一端进行检查。

对截止阀、隔膜阀进行密封性试验时,应将阀瓣关闭,介质按阀体箭头指示的方向供给,检查其密封性。

公称压力小于1 MPa且公称通径大于或等于600 mm的闸阀,密封性试验可用色印等方法对闸板密封面进行检查,接合面应连续。

闸阀、球阀、旋塞阀的密封性试验应双向进行。介质先从通路一端引入,在另一端进行检查,然后再从另一端引入介质,进行该端的密封性试验。或在体腔内保持试验压力的情况下,从通路两端进行检查。

阀门进行密封性试验时,在其试验的持续时间内不得在阀瓣、阀座、静密封及蝶阀的轴心处产生明显的渗漏,阀门结构不得损伤。

(4) 安全阀的校验,应按《安全阀安全技术监察规程》(TSG ZF001—2006)和设计文件的规定进行整定压力调整和密封试验,当有特殊要求时,还应进行其他性能试验。安全阀校验应做好记录、铅封,并应出具校验报告。

(5) 阀门安装位置应易于操作、维修和检查。水平管道上的阀门、阀杆及传动装置应按设计规定进行安装,动作应灵活。

(6) 所有阀门应连接自然,不得强力对接或承受外加重力负荷。法兰连接螺栓紧固应均匀。

（四）其他阀门安装

这里重点介绍电磁式燃气紧急切断阀（简称为电磁阀，见图1.4.3）的安装。

电磁式燃气紧急切断阀是一种应用于城镇居民、工商业用户等各种燃气场所的安全配套装置，可与各种可燃气体泄漏监测仪器相连接。

电磁阀接收到燃气报警控制系统信号或断电及其他信号后，开启自锁装置并紧急切断。

常用电磁阀的安装要求如下：

（1）阀门安装单位应具备相应资质并按相关的燃气管道施工规范、防爆电气规范和产品说明书及相关技术资料要求进行安装。

（2）阀门在安装前，应先将管道清洗或吹扫干净，以防管道内的杂质对阀门的气密性产生不利影响，若介质中含有颗粒杂质，建议在阀门前安装过滤器。

图1.4.3　电磁式燃气紧急切断阀

（3）安装电磁阀时应确保电磁阀中心与管道中心对齐，无错位，并使电磁阀不受外力影响（包括轴、切向）。如管道焊接安装，应先安装过渡管，不可直接与电磁阀焊接。

（4）严格按照阀体上的气体流动方向安装。

（5）宜将阀门水平安装，或垂直安装。

（6）管道进行气密性强度试验时，应先开启阀门，试验压力值应不大于阀门铭牌所示最大工作压力。

（7）阀门通电前应确保接线、电源电压均正确。

（8）如果电磁阀必须安装在室外时，应配套安装防护罩或防护箱，以防止他人或雨雪杂质的侵入对阀门的安全可靠运行产生不利影响。防护罩或防护箱应设有明显的警示标牌。

二、补偿器安装

补偿器又称伸缩器或伸缩节、膨胀节，主要用于补偿管道受压力或温度变化而产生的变形。在燃气输配管道中，每隔一段距离都要设置压力或热膨胀的补偿装置，以减少并释放管道所产生的应力，保证管道稳定和安全地工作。补偿器分为自然补偿器、方型补偿器、波纹管补偿器、填料补偿器、球型补偿器等。目前燃气管网使用的补偿器主要为波纹管补偿器（见图1.4.4）。

图 1.4.4 波纹管补偿器

（一）波纹管补偿器安装技术要求

(1) 安装前应按设计规定的补偿量进行预拉伸或预压缩，受力应均匀。

(2) 补偿器应与管道保持同轴，不得偏斜。安装时不得用补偿器的变形（轴向、径向、扭转等）来调整管位的安装误差。

(3) 安装波纹管补偿器时，应设临时约束装置，待管道安装固定后再拆除临时约束装置，并去除限位装置。

(4) 波纹管补偿器内套有焊缝的一端，在水平管道上应位于介质的流入端，在垂直管道上宜置于上部。

（二）波纹管补偿器安装质量管控要点

(1) 波纹管补偿器安装时应避免焊渣飞溅到波节上。
(2) 不得在波节上焊接临时支撑件。
(3) 不得将钢丝绳等吊装索具直接绑扎在波节上，应避免波节受到机械伤害。

三、调压器安装

（一）调压器定义

城镇燃气在输配与应用过程中要满足不同的压力要求，就需要在城镇燃气系统中设置压力调节控制装置。调压器是燃气输配系统中的重要设备，通常安设在气源厂、门站、储配站、调压站、输配管网和用户处。

天然气调压器最大的功用是保持燃气在使用时有稳定的压力，从而保证燃气用具得到稳定的燃空比（燃气与空气的配合比例）；燃气供应系统中使用调压器将气体压力降低并稳定在一个能够使气体得到安全、经济和高效利用的适当水平上。

（二）调压器分类

调压器根据其工作原理可分为直接作用式调压器和间接作用式调压器。

1. 直接作用式调压器

直接作用式调压器是通过内信号管路或外信号管路来感应下游压力的变化的。下游压力通过在传感元件（皮膜）上产生的力与加载元件（弹簧装置）产生的力来进行对比，移动皮膜和阀芯，从而改变调压器流通通道的大小。直接作用式调压器适用于稳压精度为 $10\%\sim20\%$ 的系统中。

直接作用式调压器具有三个关键结构：

① 调节单元——阀座、阀瓣、阀芯（阀座与阀瓣组合）。

② 传感单元——通常为皮膜。

③ 加载单元——通常为一弹簧装置（或重物）。

直接作用式调压器的最大优点是设计、结构以及操作简单。但是，由于弹簧负载系统在调压器运行中引起压降（压降是指在低负荷的变化中，被控制压力的降低，通常被描述成一个百分比，会影响调压器的稳定性），导致出口压力为非线性。因此，为了在压降较小时获得大流量，必须选用其他类型的调压器。

直接作用式调压器适用于小区区域调压站、工业和公共事业燃气供应、仪表供气及各种气体供应、锅炉燃气供应、水压控制、蒸汽系统及储罐氮封系统。

2. 间接作用式调压器

间接作用式调压器是由指挥器内出口压力和调压弹簧的相互作用调定一个负载压力来控制调压器主阀阀口的开度，从而改变调压器流通通道的大小，适用于出口压力变化范围小于设定压力 10% 的系统中。

间接作用式调压器能够完成与直接作用式调压器相同的工作，但它不是依赖弹簧力打开主阀，而是通过指挥器提供负载压力作用于调压器阀膜上来打开主阀。指挥器（又称继动器、放大器或倍增器）将下游较小的压力变化放大并作为负载压力作用于调压器上，正是这种放大效应保证了调压器能精确控制压力。相比于直接作用式调压器，间接作用式调压器能够满足更大流量和更高精度的要求，且压力和阀体尺寸范围宽。

间接作用式调压器适用于门站、高中压调压站、大流量调压站以及电厂等特殊用户。

（三）调压器安装技术要求

1. 调压箱（悬挂式）安装

（1）调压箱安装应在燃气管道以及与调压箱进、出口法兰连接的管道吹扫并进行强度与气密性试验合格后进行。连接用的法兰盘与垫片的压力要求与燃气管道相同。

（2）调压箱通常挂在建筑物的外墙上，安装位置按照设计或与用户协商确定。可以预埋支架，也可以用膨胀螺栓将支架固定在墙上。调压箱安装应牢固平正。调压箱进、出口法兰与管道连接时，严禁强力连接。

（3）安装时，调压箱到建筑物的门、窗或其他通向室内的孔槽的水平净距应符合下列规定：

当调压器进口燃气压力不大于 0.4 MPa 时，不应小于 1.5 m；

当调压器进口燃气压力大于 0.4 MPa 时，不应小于 3.0 m；

调压箱不应安装在建筑物的窗下和阳台下的墙上；

调压箱不应安装在室内通风机进风口墙上。

2. 调压柜（落地式）安装

（1）调压柜在吊装前应先对调压器基础进行找平处理。

（2）调压柜是整体吊装，放置在设备基础上。地下燃气管道应先吹扫试压合格后方可与调压柜的进出口连接。

（3）调压柜安全阀的放散管应按设计要求安装，并应符合安全、消防等方面的有关规定。

3. 埋地式调压器安装

埋地式调压器的主要特点是结构紧凑、体积小、占地少，可以像阀门井一样方便地选择埋置地点，而且它的功能完备、综合造价低，与常规的地上燃气调压器相比，经济效益和环保效果优势明显。

（1）安装位置：宜选择在绿地和人行道下，也可以安装在慢车道下，与建筑物边缘的净距按照表 1.4.1 确定。埋地式调压器应按照设计文件及安装说明书要求进行安装。专用的埋地式调压器的出口距用气设备的管道长度应大于 15 m，且供气管道的直径不得小于调压器的出口管径。

表 1.4.1　调压站(含调压柜)与其他建筑物、构筑物水平净距(m)

设置形式	调压装置入口燃气压力级制	建筑物外墙面	重要公共建筑、一类高层民用建筑	铁路（中心线）	城镇道路	公共电力变配电柜
地上单独建筑	高压(A)	18	30	25	5	6
	高压(B)	13	25	20	4	6
	次高压(A)	9	18	15	3	4
	次高压(B)	6	12	10	3	4
	中压(A)	6	12	10	2	4
	中压(B)	6	12	10	2	4
调压柜	次高压(A)	7	14	12	2	4
	次高压(B)	4	8	8	2	4
	中压(A)	4	8	8	1	4
	中压(B)	4	8	8	1	4
地下单独建筑	中压(A)	3	6	6	—	3
	中压(B)	3	6	6	—	3
地下调压箱	中压(A)	3	6	6	—	3
	中压(B)	3	6	6	—	3

(2) 安装方式：见图 1.4.5 所示。

安装前,应先挖好基坑。基坑的深度比调压筒的高度高出 600 mm,基坑地基要夯实,铺 200 mm 厚、50 mm 粒径石子作底层,压实后,在上面浇筑 100 mm 厚的钢筋混凝土,其混凝土强度 C20,钢筋直径 Φ6 mm,网状布筋,间距为 150 mm×150 mm,基础表面需找平以保证调压筒安装平直。

（四）调压器安装质量管控要点

(1) 调压箱的箱底距地坪的高度宜为 1.0~1.2 m。
(2) 安装调压箱的墙体应为永久性的实体墙,其建筑物耐火等级应不低于二级。
(3) 调压柜应单独设置在牢固的基础上,柜底距地坪高度宜为 0.30 m。
(4) 调压柜距其他建筑物、构筑物的水平净距应符合表 1.4.1 的要求。
(5) 调压箱（或柜）的安装位置应能满足调压器安全装置的安装要求。
(6) 调压箱（或柜）的安装位置应使调压箱（或柜）不被碰撞,开箱（或柜）作业不影响交通。

(7) 调压箱(或柜)安装完成后应在其周围设置护栏,同时设置安全警示标识。

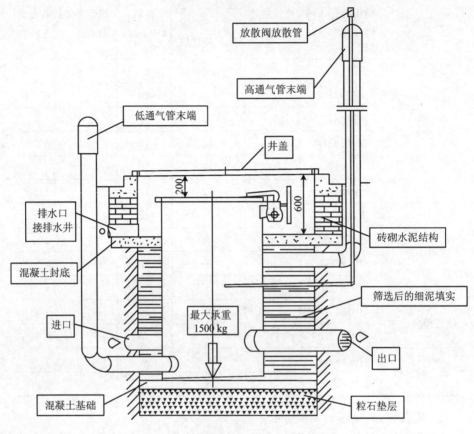

图 1.4.5 埋地式调压器安装示意图

四、流量计安装

城镇燃气流量计主要有皮膜流量计、罗茨流量计、涡轮流量计及超声波流量计等。

(一) 流量计工作原理简介

(1) 皮膜流量计、罗茨流量计都是体积流量计,是直接测量气体流动引起体积变化的测量仪表。皮膜流量计是通过气体交替进入或排出表内两只皮囊,带动曲柄计数,根据每只皮囊的有效容积,最终得出气体的累积流量。罗茨流量计是通过气体驱动腔体内的两只8字轮(或腰形齿轮)带动曲柄计数,根据8字轮与腔体内壁形成的有效容积,以及腰轮转动速率和转数,最终得出气体的瞬时流量和累积流量。

(2) 涡轮流量计是速度流量计。它先将流速转换为涡轮的转速,再将转速转换成与流量成正比的电信号。这种流量计用于检测瞬时流量和总的计算流量,叶轮的转速正比于流量,叶轮的转数正比于流过的总量。

(3) 超声波流量计利用声波传递的时间差法来测气体的流速,并用流速乘以截面积而得到瞬时流量,对时间积分即可得到累积流量。其工作原理简单而言就是上游和下游各装一个传感器探头,可以发射超声波;上游的传感器发射一个超声波,下游的接收,产生一个传输时间,同时下游传感器也发射一个超声波信号,上游的接收,又产生一个时间;这两个时间长短是不同的,它们的时间差和气体的流速是成一个函数关系。这样,气体的流速就被加载在超声波上了,通过计算就可以得出其流量。

(二) 流量计安装的一般规定

流量计的安装位置,应符合下列要求:
(1) 宜安装在不燃或难燃结构的室内通风良好和便于查表、检修的地方。
(2) 严禁安装在下列场所:
① 卧室、卫生间及更衣室内。
② 有电源、电器开关及其他电器设备的管道井内,或有可能滞留泄漏燃气的隐蔽场所。
③ 环境温度高于 45 ℃ 的地方。
④ 经常潮湿的地方。
⑤ 堆放易燃易爆、易腐蚀或有放射性物质等危险的地方。
⑥ 有变、配电等电器设备的地方。
⑦ 有明显振动影响的地方。
⑧ 高层建筑中的避难层及安全疏散楼梯间内。

(三) 皮膜流量计(皮膜表)安装技术要求

(1) 住宅内皮膜表可安装在厨房内,当有条件时也可设置在户门外。
(2) 户内高位安装皮膜表时,表底距地面不宜小于 1.4 m;当燃气表装在燃气灶具上方时,皮膜表与燃气灶的水平净距不得小于 30 cm;低位安装时,表底距地面不得小于 10 cm。
(3) 皮膜流量计安装必须端正,进出口管不得歪斜。
(4) 当采用不锈钢波纹软管连接皮膜表时,不锈钢波纹软管应弯曲成圆弧状,不得形成直角。

(5) 燃气管道与表具连接后必须做系统的气密性试验,一般可用燃气的工作压力直接检验,采用 U 型压力计测试 3 min 内压力不降为合格。

(四) 罗茨流量计安装技术要求

(1) 罗茨流量计(见图 1.4.6)的安装有两种方法:垂直安装和水平安装。安装时必须认清流量计壳体上的流体流向标识,按标识所示方向安装。流量计上下游管道的口径应与流量计的公称口径保持一致。考虑到气质的洁净度,建议采用垂直安装方式。垂直安装分为上进下出和下进上出两种方式(见图 1.4.7)。

(2) 上进下出安装是所有安装方式中最优先选用的安装方式。此安装方式具有自清扫功能,在运行过程中,如果管道中有细小颗粒,可以随气流流走;在停气过程中,仪表前面的过滤器和过滤网罩可以阻止细小颗粒和杂质进入仪表,避免"卡表"现象。

(3) 下进上出安装与上进下出安装比较,最大的区别是气流需要从下往上运行,在运行过程中一旦停气,气流中的细

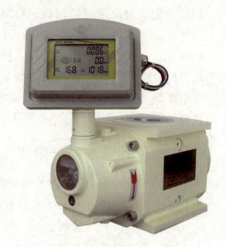

图 1.4.6　罗茨流量计

小颗粒的杂质因为自重将会进入仪表,影响到仪表的下次启动,因此安装时除在仪表的前面安装过滤网外,在仪表的出口处也需要安装过滤网罩。

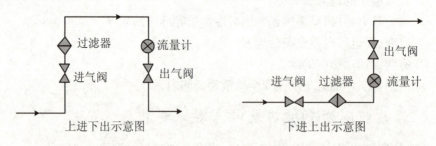

图 1.4.7　罗茨流量计垂直安装示意图

(4) 为防止新安装管道中的锈渣、焊渣及其他杂质进入罗茨流量计内,应先将过渡管安装在罗茨流量计的安装位置上,吹扫完成并确保无杂质后,再拆除过渡管安装流量计。

(5) 安装流量计时,应确保流量计中心与管线中心对齐,无错位,并使流量计不受外力影响(包括轴向和切向)。

(6) 如管道改动需施焊时,应安装过渡管,不可直接与流量计焊接。

(7) 流量计应安装在便于维修、无强电磁场干扰、无机械震动、无热辐射影响的场所。

(8) 流量计安装在室外时,上部应有遮盖物,以防日晒雨淋影响流量计使用寿命。

(五) 涡轮流量计安装技术要求

(1) 涡轮流量计(见图1.4.8)安装时,严禁在其进出口法兰处直接进行焊接,以免烧坏流量计内部零件。

(2) 对涡轮流量计安装或检修后的管道务必进行清扫,去除管道内的杂物后方能安装流量计。

(3) 涡轮流量计应安装在便于维修、无强电磁场干扰、无机械震动、无热辐射影响的场所。

(4) 涡轮流量计安装在室外的,上部应有遮盖物,以防日晒雨淋影响流量计使用寿命。

(5) 涡轮流量计应水平安装,流体流动方向应与壳体上标识一致。

(6) 管路安装完毕进行气密性试压时,试验压力不能超过流量计铭牌所示的最大工作压力的1.5倍,以免损坏流量计。

(7) 流量计应与管道同轴安装,并防止密封垫片、焊渣或黄油进入管道内腔。

(8) 采用外电源时,流量计必须有可靠接地,但不得与强电系统共用地线。管路安装或检修时,不得把电焊系统的地线与流量计搭接。

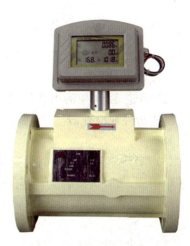

图1.4.8 涡轮流量计

(六) 流量计安装质量管控要点

(1) 安装流量计前,必须将管道内杂物、焊渣、粉尘吹扫干净。

(2) 安装流量计前必须将管道内的保压空气泄掉,防止强压损坏流量计腰轮、轴承。

(3) 涡轮流量计前后安装短管长度须按"表前短管长度≥4×流量计公称直径且表后短管长度≥2×流量计公称直径"的规定进行安装。

(4) 流量计严禁在线焊接。表箱制作完成前,不得安装流量计。

(5) 流量计水平安装时,必须在管道上安装支撑架。

(6) 流量计使用前必须先缓慢开启表前阀再缓慢开启表后阀,使流量计小流量运行几分钟,并倾听无异常摩擦声音后,再将表后阀完全打开。

五、支、吊架安装

管道支、吊架的设计和形式选用是管道系统设计中的一个重要组成部分。管道支、吊架除支撑管道重量外,特制的管道支、吊架可平衡管道系统作用力,限制管道位移和吸收震动,在管道系统设计时,正确选择和布置结构合理的管道支、吊架,能够改善管道的应力分布和管架的作用力,确保管道系统安全运行,并延长其使用寿命。

(一) 支、吊架安装技术要求

(1) 管道支、吊架的形式,材质,加工尺寸及精度应符合设计文件和国家现行标准的规定。

(2) 管道支、吊架的组装尺寸与焊接方式应符合设计文件的规定。制作后应对焊缝进行外观检查,若焊接变形应予以矫正。所有螺纹连接均应按设计要求予以锁紧。

(3) 管道安装时,应及时固定和调整支、吊架。支、吊架安装位置应准确,安装应平整牢固,与管道接触应紧密。

(4) 固定支架应按设计文件要求安装,安装补偿器时,应在补偿器预拉伸之前固定。

(5) 导向支架或滑动支架的滑动面应洁净平整,不得有歪斜和卡涩现象。

(6) 管架紧固在槽钢或工字钢翼板斜面上时,其螺栓应有相应的斜垫片。

(7) 当管道安装使用临时支、吊架时,不得与正式支、吊架位置冲突,不得直接焊在管道上,并应有明显标记,在管道安装完毕后应予以拆除。

(二) 支、吊架安装质量管控要点

(1) 支、吊架安装前要先做好除锈及防腐施工。

(2) 选用与管道同型号的管卡将其固定,并拧紧管卡螺栓,管卡的位置要适当,与焊缝的距离应大于 50 mm。

(3) 管道安装完毕后,应按设计文件规定逐个核对支、吊架的形式和位置并做好安装记录。

第五节 管道吹扫与功能性试验

燃气管道系统安装完毕,在外观检查合格后,必须要先进行管道吹扫,然后再进行管道的功能性试验,大致过程如图 1.5.1 所示。

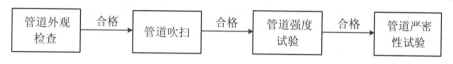

图 1.5.1 燃气管道安装后流程

燃气管道功能性试验分为强度试验和严密性试验。强度试验合格是严密性试验的前提条件。

强度试验包括气压试验和水压试验两种方式,在管道安装后、设备安装前进行,用以检查管材和接口的强度。严密性试验在管道和设备全部安装完成后进行,用以检查管材和接口的严密性。

一、一般规定

(1) 管道安装完毕后应依次进行管道吹扫、强度试验和严密性试验。

(2) 燃气管道穿(跨)越大中型河流、铁路、二级以上公路、高速公路时,应单独进行试压。

(3) 管道吹扫、强度试验及中高压管道严密性试验前应编制施工方案,制定安全措施,确保施工人员及附近民众与设施的安全。

(4) 试验时应设巡视人员,无关人员不得进入。在试验的连续升压过程中和强度试验稳压结束前,所有人员不得靠近试验区。人员离试验管道的安全间距可按表 1.5.1 确定。

表 1.5.1 试验时人员离试验管道的安全间距

管道设计压力(MPa)	安全间距(m)
≤0.4	6
0.4~1.6	10
2.5~4.0	20

(5) 管道上的所有堵头必须加固牢靠,试验时堵头端严禁人员靠近。

(6) 吹扫和待试验管道应与无关系统采取隔离措施,与已运行的燃气系统之间必须加装盲板且有明显标志。

(7) 试验前应按设计图检查管道的所有阀门,试验段必须全部开启。

(8) 在对聚乙烯燃气管道或钢骨架聚乙烯复合管道吹扫及试验时,进气口应采取油水分离及冷却等措施,确保管道进气口气体干燥,且其温度不得高于 40 ℃;排气口应采取防静电措施。开槽敷设的聚乙烯燃气管道系统应在回填土回填至管顶 0.5 m 以上后,依次进行吹扫、强度试验和严密性试验。

(9) 试验时所发现的缺陷,必须待试验压力降至大气压后进行处理,处理合格后应重新试验。

二、管道吹扫

城镇燃气管道吹扫有清管器清扫和气体吹扫两种。

对于管径一致,距离较长且公称直径大于或等于 100 mm 的钢制管道,宜采用清管器进行清扫;球墨铸铁管道、聚乙烯燃气管道、钢骨架聚乙烯复合管道和公称直径小于 100 mm 或长度小于 100 m 的钢制管道,可采用气体吹扫。

管道吹扫应符合下列要求:

(1) 吹扫范围内的管道安装工程除补口、涂漆外,已按设计图纸全部完成。

(2) 管道安装检验合格后,应由施工单位负责组织吹扫工作,并应在吹扫前编制吹扫方案。

(3) 应按主管、支管、庭院管的顺序进行吹扫,吹扫出的脏物不得进入已合格的管道。

(4) 吹扫管段内的调压器、阀门、孔板、过滤网、燃气表等设备不应参与吹扫,待吹扫合格后再安装复位。

(5) 吹扫口应设在开阔地段并加固,吹扫时应设安全区域,吹扫出口前严禁站人。

(6) 吹扫压力不得大于管道的设计压力,且应不大于 0.3 MPa。

(7) 吹扫介质宜采用压缩空气,严禁采用氧气或可燃性气体。

(8) 吹扫合格、设备复位后,不得再进行影响管内清洁的其他作业。

(一) 清管器清扫

清管器是由气体、液体或管道输送介质推动,用以清理管道的专用工具。它可以携带无线电发射装置与地面跟踪仪器共同构成电子跟踪系统。

清扫器种类:一般有橡胶清管球、皮碗清管器、直板清管器、刮蜡清管器、泡沫清管器、屈曲探测器等六大系列。

清扫器工作原理：在准备通球的管道中，按作业的要求置入相应系列的清管器；清管器皮碗的外沿与管道内壁弹性密封，用管输介质产生的压差为动力，推动清管器沿管道运行；依靠清管器自身或其所带机具所具有的刮削、冲刷作用来清除管道内的结垢或沉积物。

以下重点介绍清管球作业。

1. 清管球

清管球是采用耐腐蚀的氯丁橡胶材料制成的（见图 1.5.2），分空心球和实心球两种。管径大于 100 mm 时用空心球，管径小于 100 mm 时可用实心球。空心球壁厚为输气管内径的 1/10，空心球上装有气嘴，球内充水使用。在冬季，球内应充注含防冻剂（如甘醇）的水溶液，以防止冻结。清管球在管道内运行时要求具有一定的密封性，因此要求球外径大于输气管内径。

球外径与管内径之差称作过盈量，其过盈量在球未充水时宜为管内径的 2%，充水时宜为 3%～5%，使球能紧贴管壁不致漏气和漏液。清管球的主要用途是清除管内积液和分隔介质，其清除块状物体的效果较差。

图 1.5.2 清管球

优点：扭力大、耐油、耐酸碱、耐老化、抗高温、使用寿命长等，对管道工程的设计、施工、生产和维修带来了极大的便利和效益。

2. 清管球清扫

清管球清扫燃气管道，要从始发端压入相应规格的清管球，清管球的外沿与管道内壁弹性密封，用压缩空气产生的压差为动力，推动清管球沿管道内壁运行，直至从末端排出；依靠清管球自身所具有的冲挤刮削作用来清除管道内的杂物、积液、浮锈等，以达到管道内清洁、畅通的目的。

（1）技术内容

① 管道直径必须是同一规格，不同管径的管道应断开分别进行清扫。

② 对影响清管球通过的管件、设施，在清管前应采取必要措施。

③ 清管球清扫完成后，应按照气体吹扫的要求进行检验，如不合格可采用气体吹扫再次清扫至合格。

（2）质量管控

① 通球试验多选择耐腐蚀的氯丁橡胶球。因清管球在管道内运行时要求具

有一定的密封性，所以要求球外径大于管道内径。

② 通球清管前，须编制专项施工方案。

③ 试验管段两端操作范围内要做好安全围挡，设置警示标识。

④ 组织人员明确分工并进行安全、技术交底。

(3) 清管要求

用清管球清扫管道不是对任何管道都可以随意采用的。决定使用清管球清扫时，必须在管道设计前提出工艺要求，以保证设计、施工中满足以下要求：

① 被清扫管道的口径必须相同，而且管子的壁厚也不得相差太大（一般应保持在 2～3 mm 以内）。钢管焊接应做到内壁齐平，内壁错边量不大于 2 mm。

② 管道支管连接用焊接三通时，支管与干管连接处的焊口应内壁齐平，不得将支管插入干管焊接。

③ 管道的弯管应采用冲压弯头（采用与管材相同材质的板材用冲压模具冲压成半块环形弯头，然后将两块半环弯头进行组对焊接成形）、煨弯的弯头（指把管加工成弯头），不得使用折皱弯头、焊接弯头与椭圆度较大的弯头。

④ 管道上的阀门必须采用球阀，不能采用闸板阀、蝶阀与截止阀，否则清管球无法通过。球阀必须有准确的阀位指示，安装前应检查。当阀位指示全开时，阀门必须全开，以保证清管球顺利通过。

(4) 试验过程

① 安装发、收球筒处的进气阀、放散阀、排污阀及首末端压力表，用高压软管连接空气压缩机及发球筒上进气口，同时检查各连接口是否牢靠。

② 将清管球放入发球筒并推至清管段入口处，对发球端用盲板进行封闭。

③ 打开发球端进气阀，关闭放散阀，同时打开收球端排污阀并关闭收球端放散阀。

④ 启动空气压缩机向发球装置内加压，直至收球端排污阀处有空气外泄（说明清管球已开始移动）。

⑤ 当清管球受堵时，末端无空气排出，此时发球段压力逐渐增大，当增大至一定程度时（不超过管道设计压力），清管球继续移动。

⑥ 当排污口排出的气体流速与空压机进气流速基本相同，且连续 5 min 排出的气体颜色为"青烟"状时，可以判定清管球已运行至收球端。

⑦ 清管球清扫后宜用气体吹扫再吹扫一遍，将管内细小的脏物清理干净。

(二) 气体吹扫

燃气管道气体吹扫时介质大多采用压缩空气。吹扫时应有足够的压力，但吹扫压力不得大于设计压力。吹扫出的污物和杂物严禁进入设备和已吹扫过的管道。吹扫结束后应将所有暂时加以保护或拆除的管道附件、设备、仪表等复位安装合格。吹扫合格后,应用盲板或堵板将管道封闭,除必需的检查及恢复工作外,不得再进行影响管道内清洁的其他作业。

气体吹扫的技术内容为:

(1) 吹扫气体流速不宜小于 20 m/s(聚乙烯燃气管不宜大于 40 m/s)。

(2) 每次吹扫管道的长度,应根据吹扫介质、压力、气量确定,不宜超过 500 m;当管道长度超过 500 m 时宜分段吹扫。

(3) 吹扫口应设在开阔地段并采取加固措施,聚乙烯燃气管道排气口还应进行接地处理。吹扫时应设安全区域,吹扫出口前严禁站人。吹扫口与地面的夹角应在 30°~45°之间,吹扫口管段与被吹扫管段必须采取平缓过渡对焊,吹扫口直径应符合表 1.5.2 的规定。

表 1.5.2　吹扫口直径要求

末端管道公称直径 DN(mm)	DN<150	150≤DN≤300	DN≥350
吹扫口公称直径(mm)	与管道同径	150	250

(4) 当管道长度在 200 m 以上,且无其他管段或储气容器可利用时,应在适当部位安装吹扫阀,采取分段储气,轮换吹扫;当管道长度不足 200 m,可采用管道自身储气放散的方式吹扫,打压点与放散点应分别设在管道的两端。

(5) 当目测排气无烟尘时,应在排气口设置白布或涂白漆木靶板检验,5 min 内靶上无铁锈、尘土等其他杂物为合格。

三、管道强度试验

强度试验是指以液体或气体为介质,对管道或储罐逐步加压至规定的压力检验其强度的试验。

根据试验介质的不同,强度试验分为水压试验与气压试验两大类,二者的目的与作用是相同的,只进行其中一种即可。由于水压试验与气压试验的安全性相差极大,若条件允许应优先选择水压试验。

气压试验比水压试验危险的主要原因是气体的可压缩性。气压试验一旦发生破坏事故,不仅要释放积聚的能量,而且会以最快的速度恢复在升压过程中被压缩的体积,其破坏力极大,相当于爆炸时的冲击波。因此,气压试验应有安全措施,该安全措施需经技术负责人批准,并经单位安全部门检查监督。

(1) 管道强度试验前应具备下列条件:

① 试验用的压力计及温度记录仪应在校验有效期内。

② 试验方案已经批准,有可靠的通信系统和安全保障措施,已进行了技术交底。

③ 管道焊接检验、清扫合格。
④ 埋地管道回填土宜回填至管上方 0.5 m 以上,并留出焊接口。
(2) 管道应分段进行压力试验,试验管道分段最大长度宜按表 1.5.3 执行。(聚乙烯燃气管道试验管段长度不宜超过 1 km)

表 1.5.3　压力试验管道分段最大长度

设计压力 PN(MPa)	试验管段最大长度(m)
PN≤0.4	1 000
0.4<PN≤1.6	5 000
1.6<PN≤4.0	10 000

(3) 管道试验用压力计及温度记录仪表均不应少于两块,并应分别安装在试验管道的两端,强度试验用压力计应在校验的有效期内,其量程应为试验压力的 1.5~2 倍,其精度不得低于 1.5 级。
(4) 强度试验压力和介质应符合表 1.5.4 的规定。

表 1.5.4　强度试验压力和介质要求

管道类型	设计压力 PN (MPa)	试验介质	试验压力 (MPa)
钢　管	PN>0.8	清洁水	1.5 PN
	PN≤0.8		1.5 PN 且≮0.4
球墨铸铁管	PN	压缩空气	1.5 PN 且≮0.4
钢骨架聚乙烯复合管	PN		1.5 PN 且≮0.4
聚乙烯管	PN (SDR11)		1.5 PN 且≮0.4
	PN (SDR17.6)		1.5 PN 且≮0.2

(5) 进行强度试验时,压力应逐步缓升,首先升至试验压力的 50%,进行初验,如无泄漏和异常现象,继续缓慢升至试验压力。达到试验压力时,宜稳压 1 h 后,观察压力计不应小于 30 min,无明显压力降为合格。
(6) 经分段试压合格的管段相互连接的焊缝,经射线照相检查合格后,可不再进行强度试验。
对于室内燃气管道强度试验的范围应符合下列规定:
① 明管敷设时,居民用户应为引入管阀门至燃气计量装置前阀门之间的管道系统。暗埋或暗封敷设时,居民用户应为引入管阀门至燃具接入管阀门(含阀门)

之间的管道。

② 商业用户及工业企业用户应为引入管阀门至燃具接入管阀门(含阀门)之间的管道(含暗埋或暗封的燃气管道)。

城镇燃气室内燃气管道进行强度试验时,待进行强度试验的燃气管道系统与不参与试验的系统、设备、仪表等应隔断,并应有明显的标志或记录,强度试验前安全泄放装置应已拆下或隔断。

(一) 气压强度试验

1. 技术内容

(1) 对于城镇燃气输配燃气管道应符合强度试验的要求。

(2) 对于城镇燃气室内燃气管道,强度试验压力应为设计压力的 1.5 倍且不得低于 0.1 MPa,并应符合以下要求:

① 在低压燃气管道系统达到试验压力时,稳压不少于 0.5 h 后,应用发泡剂检查所有接头,无渗漏且压力计量装置无压力降为合格。

② 在中压燃气管道系统达到试验压力时,稳压不少于 0.5 h 后,应用发泡剂检查所有接头,无渗漏且压力计量装置无压力降为合格;或稳压不少于 1 h,观察压力计量装置,无压力降为合格。

③ 在中压以上燃气管道系统进行强度试验时,应在达到试验压力的 50% 时停止不少于 15 min,用发泡剂检查所有接头,无渗漏后方可继续缓慢升压至试验压力并稳压不少于 1 h 后,压力计量装置无压力降为合格。

2. 质量管控

(1) 管道压力试验介质采用压缩空气。聚乙烯管道在进行强度试验时介质温度不宜超过 40 ℃。

(2) 管道强度试验时,以压力不降、发泡剂检验无渗漏、目测无变形为合格,并填写强度试验记录。

(3) 燃气管道穿越河流、铁路、公路与重要的城市道路时,下管前宜做强度试验。

(二) 水压强度试验

进行气压强度试验时,压缩空气一般不超过 0.8 MPa,当超过 0.8 MPa 时一般采用水压试验。

对于聚乙烯管道输送天然气、液化石油气和人工煤气时,其设计压力不应大于管道最大允许工作压力,最大允许工作压力(MPa)如表 1.5.5 所示。

表 1.5.5　聚乙烯管道最大允许工作压力(MPa)

城镇燃气种类		PE80		PE100	
		SDR11	SDR17.6	SDR11	SDR17.6
天然气		0.50	0.30	0.70	0.40
液化石油气	混空气	0.40	0.20	0.50	0.30
	气态	0.20	0.10	0.30	0.20
人工煤气	干气	0.40	0.20	0.50	0.30
	其他	0.20	0.10	0.30	0.20

由上表可以看出，聚乙烯燃气管段一般不需做水压试验。

1. 水压试验过程

施工方法(按设计压力 4.0 MPa 举例)一般是利用已安装截止阀的一端连接试压泵，作为进水端，排水口设在管道另一端，两端各安装压力表 1 块；各项准备工作结束后，开始往管道注水，待管道注满水后，开启试压泵升压；当压力升至 30%(约 1.8 MPa)试验压力时，停机，检查漏点，并进行整改，如无漏点，继续升压；当压力升至 60%(约 3.6 MPa)试验压力时，继续停机查漏；最后升至试验压力(6.0 MPa)，待管道两端压力平衡后开始稳压，无压降，强度试验合格。

试压结束后，为保证安全，管道末端设置排水渠，排水端安排专人进行安全监护，引导试压水排入相应场地，泄压结束后，关闭全部阀门。

2. 试压介质的置换

(1) 可选用空气或惰性气体置换试压水。如果使用空气或惰性气体，应考虑压缩气体的能量储备。

(2) 试压介质可以用清管器、刮管器或其他清管装置排除。当水被排除后，水的处理应符合国家、地方环境保护的要求。应注意到试压用的全部用水可能需要存放起来直至收到最终排放许可为止。

(3) 水置换后，可根据产品质量和内部腐蚀控制要求决定是否对管线进行干燥处理。

3. 技术内容

(1) 试验介质为清洁水，试验压力为设计压力的 1.5 倍。水压试验时，试验管段任何位置的管道环向应力不得大于管材标准屈服强度的 90%。架空管道水压试验前，应临时加固。试压宜在环境温度 5 ℃以上进行，否则应采取防冻措施。

(2) 水压缓升至试验压力的 50% 后,停止充水进行观测,如无泄漏、异常,继续充水使水压升至试验压力,然后停止充水持续观察 1 h,期间观测压力计不少于 30 min,无压力降为合格。

(3) 水压试验合格后,应及时将管道中的水放净,并按管道吹扫要求进行吹扫。

四、管道严密性试验

严密性试验应在强度试验合格、管线全线回填后进行试验。试验用的压力计要在检验的有效期内,量程应为试验压力的 1.5～2 倍,其精度等级、最小分隔值及表盘直径应满足表 1.5.6 要求。

表 1.5.6 管道严密性试验用压力计要求

量程(MPa)	精度等级	最小表盘直径(mm)	最小分格值(MPa)
0～0.1	0.4	150	0.0005
0～1	0.4	150	0.005
0～1.6	0.4	150	0.01
0～2.5	0.25	200	0.01
0～4.0	0.25	200	0.01
0～6.0	0.16	250	0.01
0～10	0.16	250	0.02

城镇燃气室内燃气管道严密性试验范围应为引入管阀门至燃具前阀门之间的管道。通气前还应对燃具前阀门至燃具之间的管道进行检查。

1. 室内燃气管道系统的严密性试验

(1) U 形压力计简介

① 使用原理:当 U 形压力计没有与测压点连通前,U 形玻璃管内两侧的液面在零刻度线处相平。当 U 形管的一端与测压点连通后,U 形管内的液面会发生变化。若与测压点连通一侧的液面下降,说明测压点处的压力为正压,反之则为负压。

② 使用方法:使用时将 U 形压力计垂直悬挂在固定的支座上,在 U 形玻璃管内注入工作液(水银或纯水),注入量至标尺刻度的 1/2 处,再用橡胶软胶管将被测气体接口与 U 形管的一个(或两个)管口连接。

③ 正确使用 U 形管压力计提高其测量精度。

U形管压力计是根据流体静力学原理用一定高度的液柱所产生的静压力平衡被测压力的方法来测量正压、差压和负压。由于它结构简单、坚固耐用、价格低廉、使用寿命长（若无外力破坏几乎可永久使用）、读取方便、数据可靠、无需外接电力（即无需消耗任何能源），在工业生产和科研过程中得到非常广泛的应用。当以水作为介质时一般的测量范围在-9.8 kPa$\sim +9.8$ kPa之间，非常适合对气体介质的低压和微压的测量。

虽然U形管压力计看起来结构简单，但如果操作、使用不当或了解不深还是会引起一定误差。由于U形管压力计两边玻璃管的内径很难保持完全一致，因此在读取数值时为限制引入附加误差，U形管压力计应垂直放置，并同时读取两管的液面高度，视线应与液面平齐，读数应以液面弯月面顶部切线为准。一般的读取误差在1 mm左右，如果是二次读取则在2 mm左右。U形管压力计的测量精度由测量范围和被测压力的大小以及工作液的选取所决定。在U形管压力计的工作液确定后，测量范围越大、被测压力越高，其测量精度就越高。

(2) 低压管道系统的严密性试验

试验压力应为设计压力且不得低于5 kPa。在试验压力下，居民用户应稳压不少于15 min，商业和工业企业用户应稳压不少于30 min，并用发泡剂检查全部连接点，无渗漏、压力计无压力降为合格。

当试验系统中有不锈钢波纹管、覆塑铜管、铝塑复合管、耐油胶管时，在试验压力下的稳压时间不宜小于1 h；除对各密封点检查外，还应对外包覆层端面是否有渗漏现象进行检查。

低压燃气管道严密性试验的压力计量装置应采用U形压力计。

(3) 中压及以上压力管道系统的严密性试验

试验压力应为设计压力且不得低于0.1 MPa。在试验压力下稳压不少于2 h，用发泡剂检查全部连接点，无渗漏且压力计量装置无压力降为合格。

2. 非室内燃气管道系统的严密性试验

(1) 严密性试验介质宜采用空气，试验压力应满足下列要求：

① 设计压力小于5 kPa时，试验压力应为20 kPa。

② 设计压力大于或等于5 kPa时，试验压力应为设计压力的1.15倍，且不得小于0.1 MPa。

(2) 试压时的升压速度不宜过快。设计压力大于0.8 MPa的管道，压力缓升至30%和60%试验压力时，应分别停止升压，稳压30 min，并检查系统有无异常情况，如无异常情况继续升压。管内压力升至严密性试验压力后，待温度、压力稳定后开始记录。

(3) 严密性试验稳压的持续时间应为24 h，每小时记录应不少于1次，修正压力降小于 133 Pa 为合格。

(4) 所有未参加严密性试验的设备、仪表、管件,应在严密性试验合格后进行复位,然后按设计压力对系统升压,采用发泡剂检查设备、仪表、管件及其与管道的连接处,不漏为合格。

第六节　燃气接管施工

燃气接管施工通常需对接管主管道及附属燃气设施采取停气、降压等措施。燃气设施的停气、降压、动火及通气等生产作业应建立分级审批制度。施工单位应提前制定作业方案,经审批后严格按批准方案实施。在施工作业时,必须配置相应的通信设备、防护用具、消防器材、检测仪器等。施工现场必须持有动火作业、深基坑作业等相关合格的作业票据;同时设专人负责现场指挥,并设安全员。对于节点较多的项目,应保证每个节点都有专职负责人,并服从现场指挥。参加作业的操作人员应按规定穿戴好防护用具,在作业中应对放散点、氮气置换点进行监护。

停气与降压作业应避开用气高峰期和恶劣天气。除紧急事故外,影响用户用气的停气与降压作业应提前 48 h 以上通知用户。在进行停气作业时,应能可靠地切断气源,将作业管段或设备内的燃气安全地排放或置换合格。在进行降压作业时,应有专人监控管道内燃气压力,降压过程中应控制降压速度,严禁管道内产生负压。

施工过程中,在运行中的燃气设施需动火作业时,应有城镇燃气供应企业的技术、生产、安全等部门的配合与监护。动火作业现场,应划出作业区,并应设置护栏和警示标识。作业区内应保持空气流通;在通风不良的空间内作业时,应采用防爆风机进行强制通风。在操作过程中应严密监测作业区内可燃气体浓度及管道内压力的变化,动火作业区内可燃气体浓度应小于其爆炸下限的 20%。动火作业过程中,操作人员严禁正对管道开口处。

(1) 城镇燃气设施停气动火作业应符合下列规定:

① 动火作业前置换作业管段或设备内的燃气,应符合下列规定:

a. 采用直接置换法时,应取样检测混合气体中燃气的浓度,连续 3 次测定燃气浓度,每次间隔时间为 5 min,测定值均在爆炸下限的 20% 以下时,方可动火作业。

b. 采用间接置换法时,应取样检测混合气体中甲烷或氧的含量,连续 3 次测定燃气浓度,每次间隔时间为 5 min,测定值均符合要求时,方可动火作业。

c. 燃气管道内积有燃气杂质时,应采取其他有效措施进行隔离。例如:燃气管道内常有各种杂质的沉积物,即使置换合格,随着时间的推移还会有挥发物的产生和聚积,当有这种情况时,可考虑在管道内充入惰性气体或采取其他有效措施进行隔离。

② 停气动火操作过程中,应严密观测管段或设备内可燃气体浓度的变化,并应符合下列规定:

　　a. 当有漏气或窜气等异常情况时,应立即停止作业,待消除异常情况后方可继续进行。

　　b. 当作业中断或连续作业时间较长时,应重新取样检测,并符合①时,方可继续作业。

(2) 城镇燃气设施不停气动火作业应符合下列规定:

① 对新、旧钢管连接动火作业时,应先采取措施使新、旧管道电位平衡。

② 带气动火作业时,管道内必须保持正压,其压力宜控制在 300~800 Pa,应有专人监控压力。

③ 动火作业引燃的火焰,必须有可靠、有效的方法将其扑灭。

一、施工准备

(1) 在接管施工前,会同燃气供应企业现场确认接气施工影响范围内的阀门位置,并经燃气供应企业确认阀门及放散阀能够正常运行。

(2) 确定施工时间后,需提前做好人员的安排、接管材料的准备工作,严格执行施工方案,同时做好接管施工过程中突发情况的应急处置预案。

(3) 结合现场实际情况,选定合理的接管点,提前完成接管点作业坑的开挖工作,结合现场实际情况准备好接管材料,特殊管件需备份。

(4) 接管前检查接管当天需要的机械设备及人员、车辆安排和现场布置情况,并逐项落实记录。机械设备需提前进行试运行。

(5) 接管前提前与燃气供应企业联系,确认接管当天需要关闭的阀门,并配合做好阀门关闭的辅助工作。

(6) 接管时如果涉及惰性气体置换(如氮气),应提前核实置换段的管径和长度,计算需要的惰性气体量。接管前勘查置换点现场,确保有位置供车辆和辅助设备停放。提前完成充氮点、放散点放散管底座和救生三脚架的安装。

(7) 做好夜间施工的准备工作、接管点的安全围挡、夜间警示标志的设置,确保过往行人及施工操作人员的安全。

二、停气接管

（一）聚乙烯管道接管

聚乙烯燃气管道在通气投运后的接管施工或维修抢修，均为在运行的燃气管道上的嵌接支管等工程。由于聚乙烯燃气管道在割断时，会有空气进入停气段主管道，故聚乙烯燃气管道停气接管施工时应尽量使用聚乙烯燃气管道夹具，以防止空气进入原有主管道。

1. 三通接管

三通接管的施工步骤为：

① 接管前应对待送气管道气密性重新检测，无压力降或在气密性验收合格后，保留压力。

② 接管前打开放散阀，中压管道须关闭上游阀门，如果是循环供气，要关闭气源管两端阀门。

③ 燃气放散完成后用甲烷检测仪检测，检测合格后开始接管。

④ 松开夹管器上的千斤顶，将夹管器放到已挖好的沟槽中，并将夹管器限位块打到管径相应位置，取出夹管器压棍，将夹管器放在聚乙烯燃气管中间对准千斤顶中部，装上压棍。

⑤ 关闭千斤顶油压开关，启动千斤顶（将千斤顶手柄向下压），拧上顶紧螺栓，防止千斤顶回弹（De160 以上分两次压扁），第一次压扁后，将千斤顶的顶紧螺栓松开，重复以上动作再一次把管子压扁。

⑥ 锯管前使用记号笔做记号，使其管端面与三通端面接缝不得大于 15 mm，然后用手锯、割刀等工具断开管道（严禁使用不防爆电动工具），不得锯到接近底部时用外力折断管道。

⑦ 电熔套筒连接管道与三通要同轴，其套筒中点与接口中点一致。电熔套筒焊接完成后，待配件完全冷却，松开顶紧螺栓，打开油压开关，取出夹管器。

⑧ 施工完成后，适当开启阀门送气，对节点进行细致查漏，确认合格后，恢复通气。

2. 末端接管

末端接管的施工步骤：

① 松开夹管器上的千斤顶，将夹管器放到已挖好的沟槽中，并将夹管器限位块打到管径相应位置，取出夹管器压棍，将夹管器放在聚乙烯燃气管中间对准千斤顶中部，装上压棍。

② 关闭千斤顶油压开关,启动千斤顶(将千斤顶手柄向下压),拧上顶紧螺栓,防止千斤顶回弹(De160以上分两次压扁),第一次压扁后,将千斤顶的顶紧螺栓松开,重复以上动作再一次把管子压扁。

③ 用夹管器把聚乙烯燃气管夹死(末端有阀门时关闭阀门,打开靠近节点的放散阀泄压),去掉管帽。焊接电熔套筒与新管道连接。

④ 松开夹管器,适当开启阀门送气,查漏(用发泡剂涂刷在连接部位的焊口上查看有无气泡)。查漏合格后到小区或需送气管道末端进行放散。

(二) 钢管接管

1. 末端法兰接管

① 关闭气源管阀门,将放散管安装在阀后放散阀上,打开放散阀,将天然气放散至常压状态。

② 用甲烷检测仪检测两次无压降,确认阀门能够关严。拆掉盲板,将新建管道法兰与气源管道末端法兰用螺栓连接。

③ 如果钢管末端法兰连接后需要焊接,可在两片法兰之间加装薄铁板封堵,等后面管道焊接好后,松开螺栓,用撬杠等物撬动法兰,取出铁板,加上金属垫圈,拧紧螺栓。

④ 打开阀门,采用发泡剂对接气点进行查漏,观察无气泡后,除锈、防腐、回填。放散置换过程与聚乙烯燃气管相同。

2. 末端焊接接管

① 关闭气源管阀门,将放散管安装在阀后放散阀上,打开放散阀,将末端天然气放散至常压状态。

② 用甲烷检测仪检测两次无压降,确认阀门能够关严。

③ 用钢管割刀将末端节点位置割断,使用鼓风机从放散阀位置进行吹扫,待甲烷检测合格后,可进行动火切割或焊接。

3. 三通接管

① 关闭接管点上下游阀门,选择合适的放散位置作为天然气放散点,利用放散管将管道内天然气放散至常压状态。

② 利用惰性气体(如氮气)进行置换,选择合适的位置作为氮气充氮点,选择靠近动火处的阀门作为氮气置换检测点。

③ 从充氮点充入惰性气体,将压力升高至 $0.08 \sim 0.1$ MPa 后,从氮气检测点开始放散,每隔 5 min 检测一次,待连续 3 次检测天然气含量低于 1‰时,充氮合格,具备动火条件。

④ 将管道内的惰性气体放散。

⑤ 使用氧气乙炔将节点位置割开,与新建管道焊接相连,工作完成后,应对焊口进行无损检测,待检测合格并冷却后才能送气。

⑥ 送气时应将管道内的常压惰性气体置换,使用甲烷检测仪检测合格后恢复送气。

三、不停气接管(带压开孔)

(一) 带压开孔、封堵作业

使用带压开孔、封堵设备在燃气管道上接支管或对燃气管道进行维修更换等作业时,应根据管道材质、输送介质、敷设工艺状况、运行参数等选择合适的开孔、封堵设备及不停输开孔、封堵施工工艺,并制定作业方案。作业前应对施工用管材、管件、密封材料等做复核检查,对施工用机械设备进行调试。在不同管材、不同管径、不同运行压力的燃气管道上首次进行开孔、封堵作业时应进行模拟试验。带压开孔、封堵作业的区域应设置护栏和警示标志,开孔作业时作业区内不得有火种。

(1) 钢管管件的安装与焊接应符合下列要求:

① 钢制管道允许带压施焊的压力不宜超过 1.0 MPa,且管道剩余壁厚应大于 5 mm。封堵管件焊接时应严格控制管道内气体或液体的流速。

② 用于管道开孔、封堵作业的特制三通或四通管件宜采用机制管件。

③ 在大管径和较高压力管道上作业时,应做管道开孔补强,可采用等面积补强法。

④ 开孔法兰、封堵管件必须保证与被切削管道垂直,应按合格的焊接工艺施焊。其焊接工艺、焊接质量、焊缝检测均应符合国家现行标准《钢制管道封堵技术规程 第 1 部分:塞式、筒式封堵》(SY/T 6150.1—2011)的要求。

⑤ 开孔、封堵、下堵设备组装时应将各结合面擦拭干净,螺栓应均匀紧固;大型设备吊装时,吊装件下严禁站人。

(2) 带压开孔、封堵作业必须按照操作规程进行,并应遵守下列规定:

① 开孔前应对焊接到管线上的管件和组装到管线上的阀门、开孔机等部件进行整体试压,试验压力不得超过作业时管内的压力。

② 拆卸夹板阀上部设备前,必须泄放掉其容腔内的气体压力。

③ 夹板阀开启前,闸板两侧压力应平衡。

④ 撤除封堵头前,封堵头两侧压力应平衡。

⑤ 完成上述操作并确认管件无渗漏后,再对管件和管道做绝缘防腐,其防腐层等级应不低于原管道防腐层等级。

(3) 在聚乙烯塑料管道进行开孔、封堵作业时,除应符合上述有关规定外,还应符合下列要求:

① 将组装好刀具的开孔机安装到机架上时,当开孔机与机架接口达到同心后方可旋入。开孔机与机架连接后应进行气密性试验,检查开孔机及其连杆部件的密封性。

② 进行封堵作业下堵塞时应试操作1次。

③ 安装机架、开孔机和下堵塞等过程中,不得使用油类润滑剂,对需要润滑部位可涂抹凡士林。

④ 应将堵塞安装到位卡紧,确认严密不漏气后,方可拆除机架。

⑤ 安装管件防护套时操作者的头部不得正对管件的上方。

⑥ 每台封堵机操作人员不得少于2人。

⑦ 进行接管作业时应将待作业管段有效接地。

(二) 连接器接管(马鞍)

燃气连接器主要用于在主管道带压正常运行状态下,连接主管道与新开支路管道,经安装检验合格后直接带压开口,不用阀门。开口过程管道内介质不降压、无外泄、安全可靠、易操作,只需2~3人,10~20 min 就能完成一次带压开口。

连接器按与主管道连接方式分为机械式连接器和焊接式连接器。

1. 机械式连接器

机械式连接器又分为铸造式和焊接式,铸造机械式(见图1.6.1)采用高强度球墨铸铁铸造而成,焊接机械式(见图1.6.2)采用无缝钢管焊接而成。安装顺序为先通过螺栓将连接器上、下弧面紧固在主管道上,然后再与支管道连接。连接器上本体弧面上设置组合橡胶密封件和耐油石棉支撑垫,保证与主管道结合面的密封;连接器上本体内设置密封刀杆和开口刀具,并通过限位块限位,保证开口过程无泄漏。

图1.6.1 铸造机械式连接器

图1.6.2　焊接机械式连接器

2. 焊接式连接器

焊接式连接器(见图1.6.3)按设计压力分为中压焊接式($P=0.4$ MPa)和高压焊接式($P=1.6$ MPa或$P=2.5$ MPa),这里主要介绍中压焊接式连接器。

图1.6.3　焊接式连接器

连接器的本体由无缝钢管焊接后加工制成。安装顺序为先将连接器下弧面垂直放在主管道上焊接,然后与支管道连接。本体内设置密封刀杆和刀具,并通过限位块限位,保证开口过程无泄漏。

3. 连接器开口设备及施工步骤

连接器开口设备是专为连接器设计制作的专用设备,其结构主要由上下机壳、减速机和防爆电机组成。机壳内设置主轴和进给装置,设备通过专用连接盘与连接器连接,主轴通过外刀杆与连接器内刀杆连接。电机通过减速机花键轴与主轴连接传递动力,通过中间齿轮传动实现自动切削进给和退刀。设备外形如图1.6.4。

其施工步骤为:

① 连接器接管为不停气接管,将连接器焊接在气源管上与新建管道连接。

② 先试压,若无泄漏,便卸掉管道内压力。

图 1.6.4 连接器开口设备

③ 用活动扳卸下连接器螺栓和盖板，装上开洞机连接盘和连接丝杆。

④ 开机连接钻头和丝杆，完成后卸下钻头两边螺丝。

⑤ 观察倒和顺开关，完好后向下转动手柄摇至罗盘指数 5~6 之间，再开机；继续向下转动手柄摇至罗盘指数 9~10 之间，完成停机。

⑥ 停机后，向上转动手柄，摇至罗盘指数显示 4 左右，装上连接器两边螺栓。

⑦ 卸下连接丝杆、连接盘、开洞机、装上连接器盖板。

⑧ 开口结束，对送气管段进行放散置换。

⑨ 检测合格后，关闭放散阀，进行连接器防腐。

(三) 聚乙烯燃气管不停输开孔封堵作业

聚乙烯燃气管开孔封堵作业，有单端封堵和两端封堵两种类型。单端封堵采用一套开孔、封堵设备，而两端封堵则需用两套开孔、封堵设备。在输配管网中，一般情况下的接线、换阀等施工作业，大都是两端封堵。无论是单端封堵还是双端封堵，设备的操作使用方法一样。下面以单封为主说明设备的主要操作步骤。

1. 管件(鞍形)焊接

现场准备工作根据现场施工条件，最好将开孔封堵作业坑与割管接线（换阀）作业坑分离，这样能保证开孔封堵作业时母管（母管——被施工作业的管线，下同）有较好的支撑。如果作业坑不能分开，要求做好母管的支撑楔紧，避免管道受力变形。单个作业坑长宽尺寸不宜小于 1.2 m×0.8 m，母管下部深不小于 0.2 m。

在母管上确定开孔位置，做出管件安装位置标记。

在母管上刮去与管件上鞍座电熔焊接弧面处的氧化层，去除厚度 0.2~0.3 mm，要求刮层均匀。

若有油污，用清洗剂（宜为乙醇或甲醇）清洁母管弧刮面和管件上鞍座内圆弧面的油脂和脏物；若无油污，用清水清洗母管和管件上鞍座内圆弧面后，用清洁的干抹布擦拭干净，再用刮刀刮去母管上氧化层后，用高压气筒吹扫刮面粉屑，保鲜膜包裹防止二次污染。

用下托板、连接压板、螺栓将管件上鞍座夹固在母管上，螺栓对角多次均匀紧固，操作过程中用水平仪检测管件接口与母管垂直并检查接口是否变形（堵头轻松上下为没变形)。

用电熔焊机采用自动或手动方式将管件焊接在母管上,焊接至冷却期间堵头不能拆卸(堵头手动拧紧后回半圈),让其自然冷却。

2. 机架安装

将机架与管件的连接套(适配器)旋紧在管件上,安装前应先检查连接套内密封圈是否完好无损伤,是否有老化现象,并加涂润滑油,必要时可用扳手紧固,但不得损伤与机架密封法兰盘相连接的密封面。机架与管件的安装图见图 1.6.5。

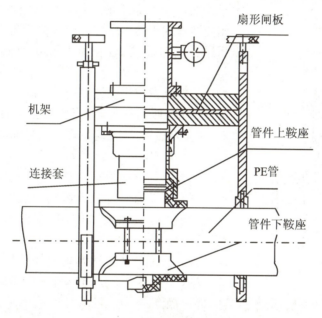

图 1.6.5 机架与管件安装图

打开机架内扇形闸板(夹板阀),将机架安放在母管上,将机架上的密封法兰盘与管件连接套对正插入,并检查机架密封法兰盘内两道密封 O 形圈的密封情况。搬运或安装机架时,禁止用机架上的放散阀抬拉机架,避免造成放散阀接头密封失效。

将机架两侧的下托板插入机架下方,卡住管道,并用手轮螺钉拉紧连杆,使下托板夹紧在管道上,用蝶形螺母固定好机架,并用链条钳拧紧旁通口管帽。安装了变径卡环的机架必须用定位螺钉将卡环限位,保证上下卡环两侧间隙均等。

对管件的电熔焊接质量和机架各安装连接处进行气密性测试,试验压力不大于管内介质压力。

3. 开孔机的安装和钻孔

根据母管管径，选定开孔刀规格，将开孔刀安装在开孔机主轴上。主刀头安装完成后安装中心钻，中心钻安装完成后安装止退片。将连接盘与开孔机相连接后，将开孔刀完全缩入连接盘内腔中，钻杆进给起始刻线全部露出，快速移动外套筒提升至最高限位，用调整螺母上的定位螺钉紧固。开孔机与机架安装图见图1.6.6。

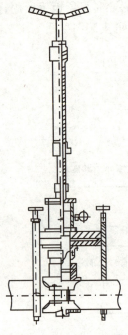

图1.6.6 开孔机与机架安装图

用专用扳手打开闸板，打开放散阀，关闭旁通阀。将与刀具等组装后的开孔机安装到机架上，要求安装时中心钻不能碰伤闸阀接口内壁，开孔机与闸阀接口找正同心后方可旋入。开孔机与机架连接后进行气密性测试，检查开孔机及其连接部的密封性。

将开孔机定位螺钉旋松，握住手柄下压，快速移动外套筒，使钻杆下降，当中心钻尖抵至母管外圆时，调整定位螺母，使定位螺钉与导向套管上的定位孔对正，并锁定。

按顺时针方向扳动旋转操作手柄，开孔进刀开始。开孔直至有气体从放散阀中溢出，将机架中的空气置换后，关闭放散阀，观察阀上压力表变化情况。

开孔直至开孔刀达到理论深度后，继续旋转操作手柄，开孔阻力减小，转动轻松无阻力后，开孔完毕，停止操作。

逆时针旋转操作手柄，提升钻杆退出刀具到开孔机连接盘内腔中，直至进给起始刻线完全露出，不能转动时则回转半圈，卸下操作手柄，握住外套筒手把，松开调整螺母上的定位螺钉，此时，由于有管内介质压力作用，开孔机钻杆会自动回升，需握紧手把，慢慢提升。（注意：操作人员的头部和身体部位应避开手把上方以防意外伤害。当开孔机外套筒提升至最高限位后，调整螺母回旋对正定位孔，将定位螺钉重新旋入顶部定位孔中并紧固。）

确认开孔机提升到位后，用专用扳手旋转关闭机架上的扇形闸阀。打开放散阀，排放闸阀上部压力介质。并通过放散阀检查有无介质外泄，闸阀是否密封可靠。

松开开孔机连接盘螺栓，拆除开孔机，关闭放散阀。将开孔刀从开孔机钻杆上取下，用六角扳手旋脱刀体与刀柄连接螺钉，用拉马边转边拉，取出中心钻，将切屑和落料从刀体中取出，重新安装好开孔刀和中心钻备用。

4. 管道清扫

取出开孔机后,安装清扫器,拧紧螺栓。按下平衡开关,打开闸板阀,用力下压清扫器,下压到位后锁死清扫器把手。

安装清扫器摇动把手(并边晃边摇清扫器把手),清扫时间 2 min 左右。清扫完成后,卸下摇动把手,松开紧固螺栓并上提清扫器(注:上提时手要下压慢慢提起,同时头偏离清扫器顶端);到位后,关闭夹板阀,打开放散阀泄压,泄压完成后拆卸清扫器。

5. 封堵

双封堵作业必须两端管件(连接器)开孔完成,安装好旁通管,打开一端夹板阀,利用母管道内压力,用发泡水检查旁通管接口是否漏气,再利用一边机架上端滑动阀门放尽旁通管内空气后才能进行封堵。封堵器的工作图见图 1.6.7。

准备与封堵管径规格相对应的封堵头(SDR11 皮碗、压板),将其与封堵器两半圆连接板相连,注意通心螺栓(不锈钢螺栓)的安装位置,将封堵器操作手柄座上的定位卡销拔出,旋转皮碗打开并用卡销定位,检查皮碗中缝贴合情况,要求中缝全部不透光并有少量过盈凸起方可。

收拢皮碗至关闭位置,将封堵头提升放入连接盘内腔中,用锁紧手柄旋紧压盖螺母,连接盘上密封球体被压缩使封堵器主轴不能下移,摆正皮碗,使皮碗外径不突出连接盘螺纹。(注:本工序要求在施工作业开始前进行设备配套准备时完成。)

取下封堵器操作手柄,将封堵器与机架法兰盘用螺栓连接在一起,确定封堵方向,将偏心朝向封堵端,用螺栓连接,拧紧螺栓,使封堵器连接盘固定,偏心主轴的位置也得以确定。

安装封堵器控制杆手柄。控制手柄必须与母管的轴向同向,并且要朝向母管施工方向。若未满足此条件可慢慢旋松压盖螺母,松开密封球体,旋转控制手柄。满足要求后,启动平衡阀,使机架上的闸板两侧压力平衡,压力表指示稳定后,关闭平衡阀。(注:双封双堵情况下,其中一台放散阀打开,将旁通管中的空气置换掉。)

用专用扳手打开机架上的夹板阀,旋松封

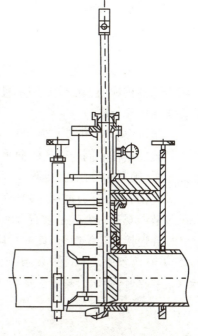

图 1.6.7 封堵器工作图

堵器压盖螺母,用手按压封堵器控制手柄至下行刻线位置,使封堵器皮碗穿过夹板阀,插入母管内直至底部。(注:旋松压盖螺母可能会使球体密封产生轻微泄漏,可慢慢旋紧使之不再泄漏。皮碗下移过程中仅可操纵1根控制杆。)

同时旋转2根控制杆手柄,使之与管道轴向成45°夹角。拉开定位卡销,打开控制手柄,折叠皮碗被打开,两控制手柄打开后与管道成45°夹角,反向用力打开听到"咔"一声,卡销下落将控制杆重新定位。

将封堵器控制杆旋转45°,使手柄座上的红色箭头对正需要施工的管段方向。将控制杆手柄向下压,再向母管施工段反方向推拉,使封头插入管道,来回用力摆动一次使控制杆偏向母管施工方向一侧。

用放散开孔器对被封堵后的管段放散降压,这时可以微调封堵器,使管道密封严密,确认密封可靠后,将封堵器主轴用螺母压盖锁紧,再将锁紧装置锁紧封堵杆,取下控制手柄,防止误操作。

以上介绍的是在母管上进行单向开孔、封堵的操作步骤。当要实行双封双堵时,只需在被封堵母管段的另一端进行同样的开孔操作方法,并用临时旁通管将两端支架上的旁通连接阀接通,操作完成后再进行封堵就可实现不停输施工作业。当作业完成后,在拆除封堵器前用12×8红色软管将封堵器顶端与机架放散阀连接,开阀将母管内压力导入连接段进行查漏试压。查漏合格后撤除两端封堵,关闭机架夹板阀,关闭临时旁通截止阀,撤除临时旁通管即可。在撤除临时旁通管时,请注意释放临时旁通管内的介质压力。

6. 撤除封堵

安装封堵器上控制手柄,稍稍松开螺母压盖,操作者面对被封堵施工管段,带压将封堵器推回,转动控制手柄,使之与管道成45°夹角。(注:此时一定要注意将管道中空气置换掉。)

拔出定位卡销,折叠控制手柄,并重新用卡销定位。

旋转控制杆手柄与管道轴向平行,并对着被封管段方向,提升封堵器,退回至最高位置,锁紧螺母压盖,拆除控制手柄。(注意:操作者头部不能在控制杆上方。)

关闭闸阀,打开放散阀,检查扇形闸阀是否关闭到位。是否密封可靠,也可再关闭放散阀观察压力表是否有因泄漏而升压现象。

松开连接盘定位螺钉,旋松封堵器连接盘,拆下封堵器。(注:封堵作业若有泄漏时,应认真检查皮碗是否破损、操作步骤是否正确,而后再重新进行封堵。当实行双封双堵时,拆除封堵时应先拆下游,再拆上游。)

7. 在管件上下堵塞

下堵器的操作准备:

① 将管件配套堵塞靠住下堵器下端顶杆,轻轻推动堵塞,然后手动旋转堵塞进入下堵杆内,下堵杆在弹簧力作用下固定堵塞。

② 将下堵器主轴提升,要求露出环形标识线,旋转锁紧机构,下堵器主轴被锁住,不能下移,下堵器可用于现场作业。

用螺栓将下堵器连接盘与机架连接牢固。关闭放散阀,打开平衡阀,平衡扇形闸板两侧压力,观察压力表直至显示压力稳定,用专用扳手打开闸板。

松开锁紧机构使下堵杆与连接盘脱离,然后下压,确定到达下堵的正确位置。注意按住控制杆,防止在介质压力的作用下产生反弹。

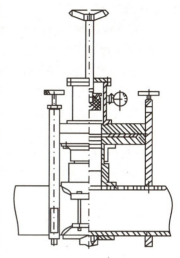

图1.6.8 下堵器工作图

顺时针转动手轮,堵塞慢慢进入管件内,密堵圈进入管件密封口,起到密封管件作用,确定下到位后,下压下堵杆,反转下堵杆,这时下堵杆在弹簧作用下使下堵杆与堵塞脱离开,提升下堵杆,锁紧下堵杆,这时可以拆去所有设备。下堵器的工作图见图1.6.8。

8. 封盖管件扫尾

松开机架两侧板上的夹紧手把和蝶形螺钉,拆除机架下托板。压住母管,将机架从母管上提下来。由于机架与管件间连接套的作用,机架应垂直平衡上提。

拆除管件上的连接套。将防护帽拧紧在管件上,可用专用扳手拧紧。

注:操作者头部不能正对着防护帽,以免意外伤人。

9. 恢复现场

设备、工具归位。对开孔点砌筑井体,内填保护,以防外力损坏马鞍造成漏气。对开孔点进行GIS定位。

四、通气

(1) 通气作业应严格按照作业方案执行。用户停气后的通气,应在有效通知用户后进行。

(2) 燃气设施维护、检修或抢修作业完成后,应进行全面检查,合格后方可进行置换作业。置换作业应符合下列规定:

① 应根据管线情况和现场条件确定放散点数量与位置,管道末端必须设置放

散管并在放散管上安装取样管。

② 置换放散时,应有专人负责监控压力及取样检测。

③ 放散管的安装应符合下列规定:

a. 放散管应避开居民住宅、明火、高压架空电线等场所。当无法避开居民住宅等场所时,应采取有效的防护措施。

b. 放散管应高出地面2 m以上。

c. 对聚乙烯塑料管道进行置换时,放散管应采用金属管道并可靠接地。

d. 用燃气直接置换空气时,其置换时的燃气压力宜小于5 kPa。

(3) 燃气设施置换合格恢复通气前,应进行全面检查,符合运行要求后,方可恢复通气。

第七节 燃气施工安全管理

随着新《安全生产法》的颁布与《最高人民法院、最高人民检察院关于办理危害生产安全刑事案件适用法律若干问题的解释》的出台,国内对安全生产的要求更加严格,处罚更加严厉;加之城镇燃气工程施工工程量多、施工面广、危险作业频繁等特点,致使燃气施工安全管理难度大、任务重。为解决以上问题,燃气施工单位应始终坚持"安全第一、预防为主、综合治理"的方针,树立"以人为本、安全发展"的工作理念,不断强化安全生产红线意识,严格按照"党政同责、一岗双责、失职追责"的要求落实安全生产主体责任;不断加强安全生产基础管理,深入开展隐患排查与治理;不断强化燃气施工作业风险管控,确保安全生产形势持续稳定。

一、主体责任落实

燃气施工单位是燃气工程建设安全生产责任主体,施工单位应进一步明确各级施工及管理人员安全生产职责,建立健全安全生产责任制,将安全生产责任从主要负责人落实到每个操作岗位、从业人员。加强施工在建项目动态监管,建立施工单位领导干部施工现场带班制度,主要负责人和其他负责人轮流带班负责现场作业安全管理,强化施工过程控制,对出现的安全问题严格落实责任追究。

二、安全生产基础管理

(一) 危险源辨识与管理

施工单位应持续开展各岗位、工种的危险危害因素辨识工作。根据施工单位生产运营实际情况,组织员工开展危险源辨识与评价知识培训;组织全员深入细致地辨识各类可能存在的危险有害因素,并根据其风险等级采取相应安全措施进行管理;组织员工学习危险源管理知识,知晓管理对策与措施,提高危险源管理水平。

(二) 安全生产制度管理

根据安全发展的新形势积极开展新法规、新标准的识别工作并及时进行宣贯,不断完善燃气施工单位安全生产相关标准,同时要加大上述企业标准执行情况的检查力度,对违规违章行为严厉惩处,确保燃气施工单位生产行为能适应安全发展形势的要求。

(三) 安全生产投入

燃气施工单位应结合自身实际加大防火、防爆等安全生产设备设施的投入,不断完善应急物资装备,切实保障施工生产安全运行需求。

(四) 安全教育培训

燃气施工单位施工人员流动性较大,加强新员工的三级安全教育,健全员工的安全培训档案,执行一人一档管理尤为重要。同时应加强电工、电焊工、登高作业人员等特种作业人员安全管理,确保100%持证上岗。

(五) 安全生产标准化建设

安全生产标准化建设是一项系统、全面、基础和长期的工作,克服了工作的随意性、临时性和阶段性,做到用法规抓安全、用制度保安全,通过安标体系PDCA循环工作,持续改进、逐步实现燃气施工单位安全生产工作规范化、标准化。安全生产标准化建设是燃气施工单位加强安全生产基础管理的有力抓手,通过安全生产标准化创建、达标与自评等系统工程的不断建设,持续改进安全生产管理内容,完善安全工作台账,进一步规范安全生产软硬件设施与资料,不断夯实安全生产的基础管理。

三、隐患排查与治理

进行施工过程检查及隐患治理闭环管理。燃气施工单位除了每月开展的领导带队检查之外，主要负责人与其他负责人还应对在建项目每周实行全覆盖检查，同时要求施工单位的安全生产管理部门对各个项目经理每周检查情况进行过程监管，确保过程检查无盲区。对检查发现的安全隐患要求及时按照整改措施、责任、资金、时限和预案"五到位"要求消除隐患，确保隐患整改率100%。燃气施工单位安全生产管理部门对安全隐患整改落实情况予以全程监控，达到闭环管理。

四、作业风险管控

根据对城镇燃气工程施工各作业活动进行的危险源及危害因素辨识及其风险评价，确定出危险性较大的施工作业为：施工现场临时用电作业、有限空间作业、危险区域（场所）动火作业、高处作业、深基坑作业、吊装作业、接送气作业等。燃气施工单位只有不断强化以上作业活动安全管控，才是抓好燃气施工安全生产管理的重点和关键。

（一）燃气施工危险性较大的作业活动安全管控措施

（1）所有危险性较大的施工作业应有专人进行监护。

（2）施工现场临时用电作业、有限空间作业、危险区域（场所）动火作业、高处作业、深基坑作业、吊装作业实行安全作业许可制度，作业许可证的审批程序应严格按照施工单位安全生产相关标准执行。各种作业许可证样表详见附录三。

（3）夜间施工、接管通气作业、吹扫试压施工应提前向施工单位安全生产管理部门进行登记备案。备案登记应包含如下内容：作业具体时间、具体地点、监护人姓名、主要施工内容、主要风险及防范措施等。燃气施工单位安全生产管理部门负责监督检查燃气施工项目部事前备案制的执行情况。

（二）燃气工程季节性施工安全管控措施

季节性施工其特征为在施工时段内极端性天气频发，给燃气施工生产增加了安全风险。为最大限度降低各种极端天气带来的风险，确保季节性施工安全，燃气施工单位还应狠抓季节性施工安全管理。

1. 雨季施工管理

（1）根据燃气施工工序"短、频、快"的特点，雨季施工以事前控制为主，要求各级燃气施工管理人员随时关注天气变化,切实做好天气的及时预警工作,杜绝雷、暴雨期间户外施工活动,其中各项极端天气的预警应由施工单位工程管理部门负责统一发布。

(2) 雨季施工要做到"一限量、三及时",即当天开挖的工程量当天完工,要限制开挖量,并且做到及时开挖与安装、及时报验、及时隐蔽与回填,确保管沟及燃气设施不被雨水冲蚀而发生安全事故。

(3) 雨季施工,在基槽(坑)周围应采取堵水、排水措施,基槽(坑)内积水应采用潜水泵及时排除,避免基槽(坑)因雨水浸泡而发生土方坍塌事故。

(4) 雨季施工应做好防触电工作:电源线不得用裸导线和塑料线,不得沿地面敷设;配电箱必须防雨、防水,电器布置符合规定,电器元件不应破损,严禁带电明露;机电设备的金属外壳,必须采取可靠的接地或接零保护;手持电动工具和机械设备使用时,必须安装合格的漏电保护器。施工现场的用电机具设备必须确保"一机一闸一漏保"。电器作业人员应穿绝缘鞋,戴绝缘手套。

(5) 六级以上大风、雨天杜绝一切户外高处作业活动。

2. 夏季施工管理

(1) 夏季高温施工是指日最高气温达到35℃以上(含35℃)或者气温在30℃以上、相对湿度80%以上的施工。

(2) 夏季天气炎热,防暑降温是夏季高温施工安全主要防范措施。

① 燃气施工单位要按照气象部门发布的天气预报信息,严格遵守高温作业时间要求:

a. 日最高气温达到40 ℃以上,应当停止当日室外露天作业。

b. 日最高气温达到37 ℃以上、40 ℃以下时,全天安排劳动者室外露天作业时间累计不得超过6小时,连续作业时间不得超过国家规定。

c. 日最高气温达到35 ℃以上、37 ℃以下或者气温在30 ℃以上、相对湿度80%以上时,应当采取换班轮休等方式,缩短劳动者连续作业时间,并且不得安排室外露天作业劳动者加班。

d. 因应急抢险或接气需要,不能按规定停止高温作业的,应做好防暑降温工作,减少高温接触时间,同时做好防止高温中暑的应急准备工作。

② 在高温期间,应做到合理安排工序和工作量,适当调整作息时间,采取"做两头、歇中间"的方法,高温时段不得进行户外作业,安排作业人员午休,严格控制室外作业时间,确保施工作业人员身体健康和生命安全。

③ 夏季高温施工必须为每一位施工作业人员配齐防暑降温药品并供应足够的饮用水。

④ 有心血管器质性疾病、高血压、中枢神经器质性疾病或明显的呼吸、消化、

内分泌系统疾病以及肝、肾疾病患者,禁止高温户外露天作业活动;当日患感冒、发热等身体不适者禁止高温户外露天作业活动。

⑤ 夏季露天施工应为作业人员配备足够数量的遮阳伞、遮阳棚等遮阳设施。

(3) 在高温期间,必须安排 2 人以上进行现场作业。

(4) 夏季高温露天作业,钢瓶、灭火器等压力容器不得在阳光下暴晒。

3. 冬季施工管理

冬季寒冷干燥,"防冻、防滑、防火、防土方坍塌"是冬季燃气施工安全主要防范措施。

(1) 应加强施工机械设备的防冻与保养,避免机械伤害事故的发生。

(2) 冬季登高作业前应先清除脚手架爬梯和架体上的霜冻、冰块、积雪,避免滑落。

(3) 登高动火作业前应严格办理登高作业许可证和动火作业许可证,并且作业下方应安排专人进行监护,同时登高焊接人员作业前应做好现场火灾隐患排查工作,焊接应严格按照焊接操作规程进行,确保作业安全。

(4) 六级以上大风或雨雪天气禁止高处作业(包含悬吊作业)或吊装作业活动,同时屋面积雪未清除干净不得进行悬吊作业。

(5) 冬季施工应控制开挖面积,及时做好沟槽的隐蔽与回填工作,以防冻土,避免发生土方坍塌事故。

4. 其他事项

燃气施工单位应提高应对极端性天气的施工安全管理水平,制定极端性天气施工方案(措施)和极端性天气施工现场突发事故应急处置方案,并组织施工班组进行演练,使作业人员人人熟知。

(三) 燃气施工现场突发事故现场处置措施

燃气施工单位应加强危险性较大作业施工现场突发事故应急管理,编制燃气施工应急救援预案,组织施工人员按照规定定期开展预案演练。通过不断演练、评估和预案修订,总结经验,持续提高一线施工作业人员的应急处置能力。下面仅就城镇燃气工程施工现场易发生的、危害性较大的突发事故处置措施举例介绍。

1. 有限空间作业突发中毒窒息事故现场处置措施

(1) 当施工现场有人员发生空间作业中毒或窒息时,现场监护人应及时拨打火警电话 119 和急救电话 120,同时上报燃气施工单位主要负责人。

(2) 施工单位根据事故情况或险情,立即组织调集应急救援人员、车辆、物资、迅速赶赴现场进行救援。

(3) 现场监护人员应采用如下处置措施：

① 通过救援三脚架将伤员第一时间脱离有限空间后，解开其衣服，给予静卧、保暖等，让其呼吸新鲜空气。

② 对中毒人员进行深一层次的专业护理：对呼吸衰竭者进行人工呼吸；对心跳呼吸停止者进行胸外心脏按压及口对口人工呼吸等。

③ 等待医务人员到达现场，协助其将伤者送往医院救治，并上报事故情况及配合事故的调查与处理。

(4) 注意事项：

① 救援人员不得盲目下井进行施救，以免增加伤亡人数。

② 下井施救前必须佩戴好井外送风式空气呼吸器。

③ 人工胸外心脏按压与人工呼吸应按 30∶2 的次数要求进行，在伤员未恢复心跳前不得放弃。

④ 需要 119、120 急救时，要指派专人到车辆必经路口为车辆引路。

(5) 随时准备好应急救援必备物资：应急救援车辆、救援三脚架、送风式长管呼吸器、安全带、救援担架、对讲机、急救箱等。

2. 基坑作业突发土方坍塌事故现场处置措施

(1) 发生土方坍塌时，现场未出现任何人员伤亡的处置措施：

① 现场作业人员在项目经理的安排下立即清理事故坍塌段，对坍塌地段进行围挡、竖立警示牌，禁止无关人员进入。

② 立即组织施工力量对管沟土方侧壁进行加固支撑，防止坍塌面进一步扩大。

③ 事故处理后，应第一时间向施工单位主要负责人汇报。

(2) 发生土方坍塌时，现场出现人员伤亡的处置措施：

① 迅速拨打报警电话 110 和急救电话 120，同时上报施工单位，项目经理组织清理坍塌现场，并做好警戒，禁止无关人员进入事故现场，以免造成二次伤害。

② 在救援队伍到达前，项目经理组织救援人员在能确保自身安全的情况下，对被埋压人员实行挖掘救援。

③ 根据被救人员的受伤情况，及时采取止血、包扎、固定伤肢、人工呼吸等措施，直至医务人员赶到现场，并协助其将伤员送至医院进行救治。

④ 加强基坑排水、防水措施；迅速运走边坡弃土、材料机械设备等重物；加强基坑支护，对边坡薄弱环节进行加固处理，确保事故现场土体安全。

⑤ 技术负责人、安全负责人应组织专业人员对坍塌事故进行调查，分析原因，制订相应的纠正措施，认真填写伤亡事故报告单、事故调查报告等有关材料，并上

报施工单位和上级相关部门。

(3) 注意事项：

① 现场对掩埋人员进行救援时，避免使用机械挖掘，以免对伤员造成二次伤害。

② 下基坑进行救援前必须带好安全带及安全帽。

③ 注意观察基坑周边建(构)筑物的变化，及时组织人员撤离危险区。

④ 人工胸外心脏按压与人工呼吸应按 30∶2 的次数要求进行，在伤员未恢复心跳前不得放弃。

⑤ 需要110、120急救时，要指派专人到车辆必经路口为车辆引路。

(4) 随时准备好应急救援必备物资：应急救援车辆、挖掘机、潜水泵、安全带、救援担架、对讲机、铁锹、防爆撬杠、铝合金升降梯、急救箱等。

3. 燃气施工突发高处坠落事故现场处置措施

(1) 如施工现场发生人员高处坠落或脚手架坍塌导致人员伤亡等意外事故，现场监护人应立即拨打120急救电话。

(2) 同时向施工单位主要负责人汇报，并启动事故应急预案。

(3) 封闭施工现场，并组织所有施工人员脱离危险场所。

(4) 采取安全措施，组织人员抢救受伤人员：

① 保持呼吸道通畅，若发现窒息者，应及时解除其呼吸道梗塞和呼吸机能障碍，立即解开伤员衣领，消除伤员口、鼻、咽、喉部的异物、血块、分泌物等。

② 有效止血，包扎伤口。

③ 伤员有骨折、关节伤、肢体挤压伤、大块软组织伤，要进行简易固定。

④ 若伤员有断肢情况发生，应尽量用干布包裹。

⑤ 记录伤情，现场救护人员应边抢救边记录伤员的受伤部位、受伤程度等第一手资料。

⑥ 现场救援人员根据坠落人员的受伤状况进行临时处理后及时转送医院救治。

⑦ 技术负责人、安全负责人应组织专业人员对高处坠落事故进行调查，分析原因，制订相应的纠正措施，认真填写伤亡事故报告单、事故调查报告等有关材料，并上报施工单位和上级相关部门。

(5) 注意事项：

① 救援人员应马上组织抢救伤者，如果伤者伤势较重，不能随意挪动。

② 救援前做好个体防护，以免发生二次事故。

③ 应注意保护事故现场，对相关信息和证据进行收集和整理。

④ 需要120急救时，要指派专人到车辆必经路口为车辆引路。

(6) 随时准备好应急救援必备物资：应急救援车辆、救援担架、对讲机、急救箱等。

4. 接气作业发生火灾、爆炸事故现场处置措施

(1) 接气作业中发生爆炸事故的处置：

① 发生爆炸事故，应立即疏散人群，全部撤离至安全区域，查明爆炸类型（残留气体、管道泄漏、其他可燃气体导致等），发出警报。

② 根据现场人员伤亡情况立即拨打电话 120 和 119 请求救援和报警，同时紧急上报施工单位主要负责人，报告发生爆炸时间、地点、方位、爆炸类型、爆炸威力大小及人员伤亡等情况。

③ 启动应急救援预案。施工单位要立即召集人员持抢险救护装备，迅速赶到现场救援，进行有针对性的处理，尽可能减少事故的危害，减少人员伤亡。

④ 燃气管网运营单位在施工单位指挥下切断气源，避免事故进一步扩大。

⑤ 根据事故现场情况，组织人员抢救伤员脱离事故现场，指定安全疏散地点，清点疏散人数，同时设立警戒区域，禁止无关人员进入，等待急救中心救援。

(2) 接气作业中发生燃烧事故的处置：

① 接气施工作业过程中发生燃烧事故后，发现事故人员要高声呼喊，通知现场负责人，迅速查明火灾事故发生的部位和大小。

② 火势较小时，就近利用现场配备的灭火器进行火灾扑救，最大限度地避免火灾事故的扩大或蔓延，同时上报至燃气施工单位主要负责人。

③ 火势较大时，要立即拨打火警电话 119 以及急救电话 120，同时上报施工单位，准确报告起火地点、部位、火情、报告人单位、姓名、联系电话，并安排专人到路口等候，引导消防车辆进入火灾事故现场。

④ 启动应急救援预案。施工单位要立即召集人员持抢险救护装备，迅速赶到现场救援，进行有针对性的处理，尽可能减少事故的危害，减少人员伤亡。

⑤ 燃气管网运营单位在施工单位指挥下切断气源，避免事故进一步扩大。

⑥ 根据事故现场情况，组织人员抢救伤员脱离事故现场，指定安全疏散地点，清点疏散人数，同时设立警戒区域，禁止无关人员进入，等待急救中心救援。

(3) 注意事项：

① 应急救援人员必须佩戴和使用符合要求的防护用品，严禁救援人员在没有采取防护措施的情况下盲目施救。

② 火灾、爆炸事故发生后，所有车辆应迅速远离起火、爆炸现场，确保消防通道畅通。

③ 火灾、爆炸现场救援工作应统一指挥，确保现场井然有序。

④ 救援疏散时若身上着火，切记不可奔跑，应立即脱掉着火衣物或就地翻滚。

⑤ 需要 119、120 急救时，要指派专人到车辆必经路口为车辆引路。

(4) 随时准备好应急救援物资：应急救援车辆、警示桩、警示带、救援担架、对讲机、灭火器、急救箱等。

第八节 竣 工 验 收

施工单位在工程完工自检合格的基础上，监理单位应组织进行预验收。预验收合格后，施工单位应向建设单位提交竣工报告并申请进行竣工验收。建设单位应组织有关部门进行竣工验收。新建工程应对全部施工内容进行验收，扩建或改建工程可仅对扩建或改建部分进行验收。

1. 工程竣工验收的基本条件

(1) 完成工程设计和合同约定的各项内容。
(2) 施工单位在工程完工后对工程质量自检合格，并提出《工程竣工报告》。
(3) 工程资料齐全。
(4) 有施工单位签署的工程质量保修书。
(5) 监理单位对施工单位的工程质量自检结果予以确认并提出《工程质量评估报告》。
(6) 工程施工中，工程质量检验合格，检验记录完整。

2. 工程验收的要求

(1) 审阅验收材料内容，应完整、准确、有效。
(2) 按照设计、竣工图纸对工程进行现场检验。竣工图应真实、准确，路面标志符合要求。
(3) 工程量符合合同的规定。
(4) 设施和设备的安装符合实际的要求，无明显的外管质量缺陷，操作可靠，保养完善。
(5) 对工程质量有争议、投诉和检验多次才合格的项目，应重点验收，必要时可以开挖检验、复查。

3. 工程验收时施工单位应提交的资料

(1) 开工报告、图纸会审记录。
(2) 施工图和设计变更文件。

(3) 管材、设备和制品的合格证或试验记录。

(4) 工程测量记录和管道吹扫记录。

(5) 管道与附属设备的强度试验和严密性试验记录。

(6) 工程竣工图和竣工报告。

(7) 工程整体验收记录。

(8) 其他应有的资料。

4. 工程竣工验收(应由建设单位主持)程序

(1) 工程完工后,施工单位按工程竣工验收的基本要求完成验收准备工作后,向监理部门提出验收申请。

(2) 监理部门对施工单位提交的《工程竣工报告》、竣工资料及其他材料进行初审,合格后提出《工程质量评估报告》,并向建设单位提出验收申请。

(3) 建设单位组织勘察、设计、监理及施工单位对工程进行验收。

(4) 验收合格后,各部门签署验收纪要。建设单位及时将竣工资料、文件归档,然后办理工程移交手续。

(5) 验收不合格应提出书面意见和整改内容,签发整改通知,限期完成。整改完成后重新验收。整改书面意见、整改内容和整改通知编入竣工资料文件中。

第二章　工程常见通病及其防范

　　工程质量通病是指工程中经常发生的、普遍存在的、影响安全和使用功能及外观质量的缺陷，也可谓"常见病""多发病"。由于其量大、面广、代表性强且往往又未能引起足够的重视，进而阻碍了工程质量的进一步提高。

　　为了确保工程质量，提高施工人员整体素质，燃气施工迫切需要有助于预防、诊断和治疗工程质量通病的系统化资料，以此来指导燃气工程规范施工。

　　本章以国家有关规范、标准为依据，通过收集燃气施工现场正面与反面的工程图片并进行对比，直观呈现燃气工程通病，突出通病特点，从而让施工人员快速掌握施工要领和正确做法，提高燃气管道安装质量，达到规范燃气施工作业，减少燃气工程通病的目的。

第一节　安全与文明施工

（一）材料堆放

1. 规范要求[①]

（1）管材、设备装卸时，严禁抛摔、拖拽和剧烈撞击。

（2）管材、设备运输、存放时的堆放高度、环境条件（湿度、温度、光照等）必须符合产品的要求，应避免暴晒和雨淋。

（3）运输时应逐层堆放，捆扎、固定牢靠，避免相互碰撞。

（4）运输、堆放处不应有可能损伤材料、设备的尖凸物，并应避免接触可能损伤管道、设备的油、酸、碱、盐等类物质。

（5）聚乙烯管道、钢骨架聚乙烯复合管道和已做好防腐的管道，捆扎和吊装时应使用具有足够强度，且不致损伤管道防腐层的绳索（带）。

（6）管道、设备入库前必须查验产品质量合格文件或质量保证文件等，并妥善

---

① 摘自《城镇燃气输配工程施工及验收规范》（CJJ 33—2005）。

保管。

（7）管道、设备应存放在通风良好、防雨、防晒的库房或简易棚内。

（8）应按产品储存要求分类储存，堆放整齐、牢固，便于管理。

（9）管道、设备应平放在地面上，并应采用软质材料支撑，离地面的距离不应小于 30 mm，支撑物必须牢固，直管道等长物件应做连续支撑。

（10）对易滚动的物件应做侧支撑，不得以墙、其他材料和设备做侧支撑体。

2. 材料堆放不符合要求

(a) 材料堆放混乱

(b) 材料堆放混乱

(c) 材料堆放混乱

(d) 材料堆放混乱

图 2.1.1　材料堆放不符合要求

3. 材料堆放符合要求

(a) 管口封堵、软支撑符合要求

(b) 材料堆放整齐、管口封堵、并设置围挡

(c) 材料堆放整齐

(d) 材料堆放整齐、底部设有支撑

图 2.1.2　材料堆放符合要求

（二）安全帽的佩戴

1. 安全帽的使用维护及注意事项

（1）选用适合自己头型的安全帽，帽衬顶端与帽壳内顶必须保持 20~50 mm 的空间，形成一个能量吸收缓冲系统，将冲击力分布在头盖骨的整个面积上，减轻对头部的伤害。

（2）必须戴正安全帽，扣好下颏带。

（3）安全帽在使用前，要进行外观检查，发现帽壳与帽衬有异常损伤、裂痕，应当更换新的安全帽。

（4）安全帽如果较长时间不用，则需存放在干燥通风的地方，远离热源，不受日光的直射。

（5）安全帽的使用期限为：塑料的不超过 2.5 年；玻璃钢的不超过 3 年。到期的安全帽要进行检验测试，符合要求方能继续使用。

2. 安全帽佩戴不符合要求

(a) 未戴安全帽

(b) 安全帽破损

(c) 下颏带未系

(d) 下颏带未系紧

图 2.1.3　安全帽佩戴不符合要求

3. 安全帽佩戴符合要求

(a) 安全帽佩戴正确　　　　　　　　(b) 安全帽佩戴正确

图 2.1.4　安全帽佩戴符合要求

（三）管材切割、磨口时安全护具的佩戴

1. 相关要求

（1）进行切割机工作时务必要全神贯注。

（2）电源线路必须安全可靠，严禁乱拉、乱接，电缆连接处连接可靠，绝缘良好。

（3）正确穿戴劳保用品，切割时请勿将手指、衣服、头发等靠近切管机旋转部位以防受伤。

（4）切割时操作者必须偏离砂轮片正面，并戴好防护眼镜。

2. 管材切割、磨口时佩戴安全护具不符合要求

(a) 磨口时未戴防护眼镜　　　　　　　　(b) 切割时未戴防护眼镜

图 2.1.5　管材切割、磨口时佩戴防噪声耳塞、护目镜不符合要求

3. 管材切割、除锈时佩戴防噪声耳塞、防护眼镜符合要求

(a) 磨口时劳保穿戴符合要求　　　　　　(b) 切割时劳保穿戴符合要求

图 2.1.6　管材切割、磨口时佩戴防噪声耳塞、护目镜符合要求

（四）施工现场临时用电安全

1. 规范要求[①]

（1）电缆线路应采用埋地或架空敷设，严禁沿地面明设，并应避免机械损伤和介质腐蚀。埋地电缆路径应设方位标志。

（2）配电系统应设置配电柜或总配电箱、分配电箱、开关箱，实行三级配电。配电系统宜使三相负荷平衡。220 V 或 380 V 单相用电设备宜接入 220V/380 V 三相四线系统；当单相照明线路电流大于 30 A 时宜采用 220V/380 V 三相四线制供电。

（3）每台用电设备必须有各自专用的开关箱，严禁用同一个开关箱直接控制 2 台及 2 台以上用电设备(含插座)。

（4）配电箱、开关箱内的电器(含插座)应先安装在金属或非木质阻燃绝缘电器安装板上，然后方可整体紧固在配电箱、开关箱箱体内。

2. 施工现场临时用电不符合要求

(a) 多个用电设备同时用一个插座

(b) 无漏电保护装置、无跨接线

图 2.1.7　施工现场临时用电不符合要求

---

① 摘编自《施工现场临时用电安全技术规范》(JGJ 46—2005)。

3. 施工现场临时用电符合要求

(a) 配电箱合格　　　　　　　　(b) 配电箱合格

图 2.1.8　施工现场临时用电符合要求

（五）灭火器的使用

1. 施工现场灭火器检查内容

（1）筒体严重变形的、筒体严重锈蚀的（漆皮大面积脱落，锈蚀面积大于、等于筒体总面积的 1/3 者），或连接部位、筒底严重锈蚀的必须报废。

（2）压力表的指针应指在绿区（绿区为设计工作压力值），否则应充装驱动气体。

（3）灭火器压力表的外表面不得有变形、损伤等缺陷，否则应更换压力表。

（4）灭火器的压把、阀体等金属件不得有严重损伤、变形、锈蚀等影响使用的缺陷，否则必须更换。

（5）灭火器喷嘴不得有变形、开裂、损伤等缺陷，否则应予以更换。

（6）灭火器的橡胶、塑料件不得变形、变色、老化或断裂，否则必须更换。

2. 灭火器不符合要求

(a) 喷管破损　　　　　　　　　　(b) 灭火器内压力不足

图 2.1.9　灭火器不符合要求

3. 灭火器符合要求

(a) 喷管完好　　　　　　　　　　(b) 灭火器内压力符合要求

图 2.1.10　灭火器符合要求

（六）切割机的使用

1. 切割机操作规程

（1）使用前必须认真检查设备的性能，确保各部件的完好性。

（2）要对电源闸刀开关、锯片的松紧度、锯片护罩或安全挡板进行详细检查，操作台必须稳固，夜间作业时应有足够的照明亮度。

（3）使用之前，先打开总开关，空载试转几圈，待确认安全无误后才允许启动。

（4）操作前必须查看电源是否连接正确，以免接错。

2. 机具设备不符合要求

(a) 无夹具

(b) 夹具不符合要求，护罩破损

图 2.1.11　机具设备不符合要求

3. 施工机具符合要求

(a) 砂轮切割机符合要求　　(b) 砂轮切割机符合要求

图 2.1.12　施工机具符合要求

（七）燃气施工区域的围挡

1. 规范要求[①]

施工现场安全防护：

（1）在沿车行道、人行道施工时，应在管沟沿线设置安全护栏，并应设置明显的警示标志。在施工路段沿线，应设置夜间警示灯。

（2）在繁华路段和城市主要道路施工时，宜采用封闭式施工方式。

（3）在交通不可中断的道路上施工，应有保证车辆、行人安全通行的措施，并应设有负责安全的人员。

[①] 摘自《城镇燃气输配工程施工及验收规范》（CJJ 33—2005）。

2. 燃气施工区域未围挡

(a) 打磨区域未围挡

(b) 焊接区域未围挡

(c) 计量区未围挡

(d) 切割区域未围挡

图 2.1.13　燃气施工区域未围挡

3. 施工区域围挡符合要求

(a) 沟槽开挖区域围挡

(b) 管道焊接安装区域围挡

(c) 施工区域小彩旗围挡

(d) 切割区域未围挡

图 2.1.14　燃气施工区域围挡符合要求

（八）悬吊作业的安全防护

1. 规范要求[①]

（1）严禁利用屋面砖混砌筑结构、烟囱、通气孔、避雷线等结构作为挂点装置。
（2）每个挂点装置只供一人使用。
（3）工作绳与柔性导轨不准使用同一挂点装置。
（4）座板式单人吊具的总载重量不应大于 165 kg。
（5）当作业人员发生坠落悬挂时，悬吊下降系统的所有部件应保证与作业人

---

① 摘自《座板式单人吊具悬吊作业安全技术规范》(GB 23525—2009)。

员分离。

2. 悬吊作业不符合要求

(a) 未使用衬垫 (b) 衬垫不符合要求

(c) 挂点装置不牢固 (d) 安全绳和工作绳固定于一点

图 2.1.15　悬吊作业不符合要求

3. 悬吊作业符合要求

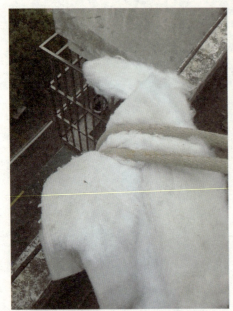 

(a) 衬垫符合要求　　　　　　　　(b) 安全绳、工作绳固定在不同挂点装置上

图 2.1.16　悬吊作业符合要求

（九）有限空间作业的安全

1. 有限空间安全作业操作规程

（1）按照先检测、后作业的原则，凡要进入有限空间危险作业场所作业，必须根据实际情况事先测定其氧气、有害气体、可燃性气体、粉尘的浓度，符合安全要求后，方可进入。在未准确测定氧气、有害气体、可燃性气体、粉尘的浓度前，严禁进入该作业场所。

（2）在有限空间进行危险作业过程中，应加强通风换气，在氧气、有害气体、可燃性气体、粉尘的浓度可能发生变化的危险作业中应保持必要的测定次数或连续检测。

（3）对由于防爆、防氧化不能采用通风换气措施或受作业环境限制不易充分通风换气的场所，作业人员必须配备并使用空气呼吸器或软管面具等隔离式呼吸保护器具。

（4）作业人员进入有限空间危险作业场所作业前和离开时应准确清点人数。

（5）进入有限空间危险作业场所作业，作业人员与监护人员应事先规定明确的联络信号。

2. 有限空间作业不符合要求

(a) 有限空间戴防毒面具　　　　　　(b) 下井人员未系安全绳

图 2.1.17　有限空间作业不符合要求

3. 有限空间作业符合要求

(a) 有限空间戴防毒面具　　　　　　(b) 下井人员未系安全绳

图 2.1.18　有限空间作业符合要求

第二节 土方工程

(一) 沟槽开挖

1. 规范要求[①]

管沟沟底宽度和工作坑尺寸,应根据现场实际情况和管道敷设方法确定,也可按下列要求确定:

(1) 单管沟底组装按表 2.2.1 确定。

表 2.2.1 沟底宽度尺寸

管道公称直径(mm)	50~80	100~200	250~350	400~450	500~600	700~800	900~1 000	1 100~1 200	1 300~1 400
沟底宽度(m)	0.6	0.7	0.8	1.0	1.3	1.6	1.8	2.0	2.2

(2) 单管沟边组装和双管沟敷设可按下式计算

$$a = D_1 + D_2 + s + c$$

式中 a——沟槽底宽度(m);

D_1——第一条管道外径(m);

D_2——第二条管道外径(m);

s——两管道之间的设计净距(m);

c——工作宽度,在沟底组装:$c=0.6$ m;在沟边组装:$c=0.3$ m。

---

① 摘自《城镇燃气输配工程施工及验收规范》(CJJ 33—2005)。

2. 沟槽不符合要求

(a) 沟槽有积水 (b) 沟槽有碎石块

(c) 沟槽堆土不符合要求 (d) 沟槽宽度、深度不符合要求

图 2.2.1 沟槽不符合要求

3. 沟槽符合要求

(a) 沟槽宽度、深度符合要求　　　(b) 沟槽堆土符合要求

图 2.2.2　沟槽符合要求

（二）回填

1. 规范要求[①]

（1）沟底遇有废弃构筑物、硬石、木头、垃圾等杂物时必须清除，并应铺一层厚度不小于 0.15 m 的砂土或素土，整平压实至设计标高。

（2）不得用冻土、垃圾、木材及软性物质回填。管道两侧及管顶以上 0.5 m 内的回填土，不得含有碎石、砖块等杂物，且不得用灰土回填。距管顶 0.5 m 以上的回填土中的石块不得多于 10%，直径不得大于 0.1 m，且均匀分布。

（3）沟槽的支撑应在管道两侧及管顶以上 0.5 m 回填完毕并压实后，在保证

---

① 摘自《城镇燃气输配工程施工及验收规范》(CJJ 33—2005)。

安全的情况下进行拆除,并应采用细砂填实缝隙。

(4) 沟槽回填时,应先回填管底局部悬空部位,然后回填管道两侧。

(5) 回填土应分层压实,每层虚铺厚度宜为 0.2～0.3 m,管道两侧及管顶以上 0.5 m 内的回填土必须采用人工压实,管顶 0.5 m 以上的回填土可采用小型机械压实,每层虚铺厚度宜为 0.25～0.4 m。

(6) 回填土压实后,应分层检查密实度,并做好回填记录。沟槽各部位的密实度应符合下列要求(见图 2.2.3):

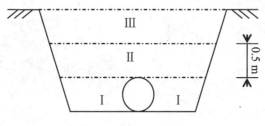

图 2.2.3 回填土断面图

① 对 Ⅰ、Ⅱ 区部位,密实度不应小于 90%;
② 对 Ⅲ 区部位,密实度应符合相应地面对密实度的要求。

(7) 埋设燃气管道的沿线应连续敷设警示带。警示带敷设前应将敷设面压实,并平整地敷设在管道的正上方,距管顶的距离宜为 0.3～0.5 m,但不得敷设于路基和路面里。

(8) 警示带平面布置可按表 2.2.2 规定执行。

表 2.2.2 警示带平面布置要求

管道公称直径(mm)	≤400	>400
警示带数量(条)	1	2
警示带间距(mm)	—	150

2. 回填不符合要求

(a) 回填土质不符合要求

(b) 覆土厚度及土质不符合要求

(c) 警示带敷设与管顶距离不符合要求

(d) 警示带敷设不平整；回填土质不符合要求

图 2.2.4　回填不符合要求

3. 回填符合要求

(a) 沟槽及管道安装符合要求

(b) 管顶上不小于0.3 m黄沙保护管道

(c) 管道正上方0.3~0.5 m连续敷设警示带

(d) 敷设警示带平整

图 2.2.5　回填符合要求

（三）阀门井砌筑

1. 规范要求

为保证城市燃气管网的安全与操作方便，埋地燃气管道上的阀门一般都设置在阀门井中。阀门井的防水性能和坚固程度，直接关系着阀门的使用状况，从而影响着整个燃气管网的运行。现在部分阀门井成了垃圾坑、下水道、水坑，这些隐患的存在影响着燃气的可靠运行。

2. 阀门井不符合要求

(a) 阀门井内有积水　　　　　　　　　(b) 阀门井内有杂物

图 2.2.6　阀门井内部不符合要求

3. 阀门井外观符合要求

(a) 阀门井内部及外观符合要求　　　　　(b) 阀门井外部美观

图 2.2.7　阀门井符合要求

（四）调压器基础

1. 调压器基础砌筑

（1）浇筑垫层：100 mm 厚 C15 混凝土，超出基础外 100 mm。

（2）砌筑砖基础：砌筑三七墙高 360 mm，砌筑二四墙高出地面标高 300 mm。

（3）外观检查：调压器基础整体平整、美观，墙体互相垂直，不得有通缝，灰浆饱满，灰缝平整，抹面压光，不得有空鼓、裂缝等现象。

2. 调压器基础不符合要求

(a) 阀门井内有积水　　　　　　　　　　　(b) 阀门井内有杂物

图 2.2.8　调压器基础不符合要求

3. 调压器基础符合要求

(a) 调压器基础符合要求　　　　　　　　　(b) 调压器基础符合要求

图 2.2.9　调压器基础符合要求

第三节 安 装 工 程

一、聚乙烯管道安装

(一) 聚乙烯管道焊缝

1. 聚乙烯热熔对接接头质量检验

聚乙烯燃气管道热熔对接连接完成后,应对接头进行100%的翻边对称性、接头对正性检验和不少于10%的翻边切除检验。

(1) 翻边对称性检验。接头应具有沿管材整个圆周平滑对称的翻边,翻边最低处的深度(A)不应低于管材表面,如图2.3.1所示。

(2) 接头对正性检验。焊缝两侧紧邻翻边的外圆周的任何一处错边量(V)不应超过管材壁厚的10%,如图2.3.2所示。

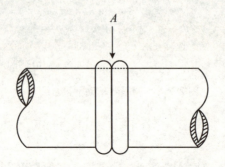

图2.3.1 翻边对称性示意

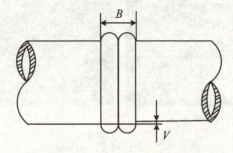

图2.3.2 接头对正性示意

2. 聚乙烯管道焊缝不符合要求

(a) 翻边不对称　　(b) 焊口有气泡

(c) 错边　　(d) 连接面与管轴线不垂直

图 2.3.3　聚乙烯管道焊缝不符合要求

3. 聚乙烯管道焊缝符合要求

(a) 聚乙烯管道焊缝外观符合要求

(b) 聚乙烯管道焊缝外观符合要求

(c) 聚乙烯管道焊缝外观符合要求

(d) 聚乙烯管道焊缝外观符合要求

图 2.3.4　聚乙烯管道焊缝符合要求

（二）聚乙烯管道焊接安装

1. 规范要求

地下燃气管道与建筑物、构筑物或相邻管道之间的水平和垂直净距，不应小于相关规定。如受地形限制不能满足相关规定时，经与有关部门协商，采取有效的安全防护措施后，安全间距可适当缩小。

2. 聚乙烯管道焊接安装不符合要求

(a) 安全间距不足,未采取保护措施

(b) 安全间距不足,未采取保护措施

(c) 套管材质不符合要求

(d) 套管长度不符合要求

图 2.3.5　聚乙烯管道安装不符合要求

(e) 焊接过程不规范

(f) 焊接过程不规范

图 2.3.5 （续）

3. 聚乙烯管道安装符合要求

(a) 合格滚轮

(b) 全自动对接机

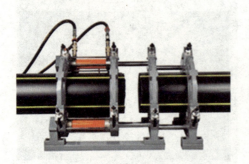
(c) 管材固定

(d) 铣削

图 2.3.6 聚乙烯管道安装符合要求

(e) 固定加热　　　　　　　　(f) 对接

(g) 安全间距不足时加管套　　　(h) 安全间距不足时加管套

(i) 安全间距不足时砌筑护墙　　(j) 安全间距不足时砌筑护墙

图 2.3.6 （续）

（三）聚乙烯管道管口封堵

1. 规范要求[①]

管道安装时，管沟内积水应抽净，每次收工时，敞口管端应临时封堵。

2. 聚乙烯管道管口封堵不符合要求

(a) 管口未封堵　　　　　　　(b) 管口封堵不符合要求

图 2.3.7　聚乙烯管道管口封堵不符合要求

3. 聚乙烯管道管口封堵符合要求

(a) 管口封堵符合要求　　　　　　　(b) 管口封堵符合要求

图 2.3.8　聚乙烯管道管口封堵符合要求

---

① 摘自《城镇燃气输配工程施工及验收规范》(CJJ 33—2005)。

二、钢管安装

(一) 钢管除锈、刷漆

1. 相关要求

(1) 除锈前管道上杂物要清理干净,不得有泥土、油渍、缠绕物等。
(2) 除锈后目测管面光亮、无毛刺、油污等,并露出金属光泽。
(3) 刷漆在除锈完毕后立即进行,分为底漆(防锈漆)、面漆两道工序。
(4) 刷漆前检查所刷部位有无锈迹、明显缺陷等。
(5) 油漆应搅拌均匀,稀料根据实际情况合理勾兑或不使用,所用漆刷刷毛不得有脱落现象。
(6) 刷漆后表面应颜色统一、均匀,不出现流淌、色浅等现象。

2. 钢管除锈、刷漆不符合要求

(a) 除锈不彻底　　　　　　　(b) 刷漆不均匀

图 2.3.9　钢管除锈、刷漆不符合要求

3. 钢管除锈、刷漆符合要求

(a) 除锈彻底　　　　　　　　　　　　(b) 刷漆均匀

图 2.3.10　钢管除锈、刷漆符合要求

(二) 钢瓶放置、压力表

1. 气瓶放置相关要求

(1) 氧气瓶、乙炔瓶不得靠近热源、电气设备、油脂及其他易燃物品。

(2) 乙炔瓶使用时要注意固定，防止倾倒，严禁卧放使用，对已卧倒的乙炔瓶，不准直接开气使用，使用前必须先立牢静止 15 min 后，再接减压器使用。

(3) 乙炔气瓶在使用、运输、贮存时，环境温度不得超过 40 ℃。

(4) 乙炔瓶放置时要保持直立，并有防倒措施，不得放在橡胶等绝缘体上。

(5) 气瓶与明火的距离一般不得小于 10 m。氧气瓶、乙炔瓶的距离应大于 5 m。

(6) 压力表完好，符合相关要求。

2. 钢瓶放置、压力表不符合要求

(a) 未使用防倾倒支架　　　　　(b) 钢瓶压力表破损

图 2.3.11　钢瓶放置、压力表不符合要求

3. 钢瓶放置、压力表符合要求

(a) 使用防倾倒支架　　　　　(b) 钢瓶压力表完好

图 2.3.12　钢瓶放置、压力表符合要求

(三) 钢管焊缝

1. 钢管焊缝外观检查

(1) 管道在焊接完成后,需对焊缝的外观进行检查,外观检查合格后,方能报无损检测,外观检查不合格的不给予无损检测。

(2) 作业班组需对检查的焊缝外观如实填写焊缝外观检查表,外观检查合格后方能报无损检测。

(3) 检查焊接飞溅和焊缝表面粗糙度、清洁度。

焊缝在焊完后应立即去除渣皮、飞溅物。清理干净焊缝表面后,方可进行焊缝外观质量检查。

(4) 检查焊缝及其热影响区表面是否存在表面缺陷。

在焊缝表面清理干净后,应立即对焊缝及其热影响区的表面进行外观质量检查,是否存在如表面气孔、咬边、焊瘤、裂纹、未熔合、根部未焊透、根部凸出等表面缺陷。

焊缝在进行无损检测之前,焊缝表面及其附件的母材表面应经过外观质量检查合格,否则会影响无损检测结果的正确性和完整性,造成漏检,或给焊缝内部质量评定带来困难。

(5) 焊缝尺寸和焊件尺寸的要求。

焊缝外形尺寸应符合设计图样和工艺文件的规定,焊缝高度应不低于母材。相关规范明确规定了各类焊缝所允许的焊缝尺寸要求,包括焊缝余高、焊缝余高差、焊缝宽度、角变形量等等,并明确指出外观检查不合格的焊缝不允许进行其他项目的检验,施工单位必须注重提高焊缝的外观质量。

2. 钢管焊缝不符合要求

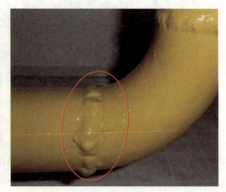

(a) 未焊满　　　　　　　　　(b) 余高过高

图 2.3.13　钢管焊缝不符合要求

(c) 表面气孔　　　　　　　　(d) 焊瘤导致焊缝过宽

图 2.3.13 （续）

3. 钢管焊缝符合要求

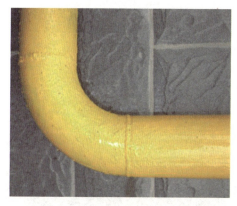

(a) 焊缝符合要求　　　　　　　(b) 焊缝符合要求

图 2.3.14　钢管焊缝符合要求

（四）管道安装

1. 相关要求

（1）管道与门、窗的安全间距应符合规范要求。

（2）管道支架应安装牢固、位置合理。

（3）管道安装应横平竖直、美观。

2. 管道安装不符合要求

(a) 与窗户安全间距不足

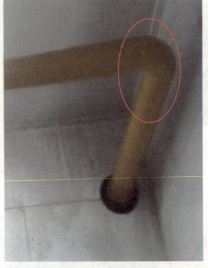
(b) 弯头位置未安装支架

(c) 管卡未安装

(d) 支架与焊缝安全间距不足

图 2.3.15　管道安装不符合要求

(e) 管道安装歪斜　　　　　　　　(f) 水平管道安装不美观

图 2.3.15 （续）

3. 管道安装符合要求

(a) 与窗户安全间距符合要求　　　　(b) 弯头位置增设支架

图 2.3.16　管道安装符合要求

(c) 管卡安装牢固　　　　　　(d) 支架与焊缝间距符合要求

(e) 管道安装平直　　　　　　(f) 管道安装平直

图 2.3.16 （续）

（五）钢制管道焊口除锈、防腐

1. 规范要求[①]

用锉刀或打磨器将管道焊接部位的毛刺、焊渣、飞溅物、焊瘤等清除干净，将未防腐段用机械或手工方法进行除锈，机械除锈达 Sa2.5 级或手工除锈达 St3 级。

---

① 摘自《油气长输管道工程施工及验收规范》(GB 50369—2014)。

2. 钢制管道焊口除锈、防腐不符合要求

(a) 焊口除锈、防腐不符合要求

(b) 焊口除锈、涂层不符合要求

图 2.3.17　焊口除锈、防腐不符合要求

3. 钢制管道焊口除锈、防腐符合要求

(a) 焊口除锈、防腐符合要求

(b) 涂层符合要求

图 2.3.18　焊口除锈、防腐符合要求

三、镀锌管安装

（一）镀锌管刷漆

1. 规范要求[①]

涂层质量应符合下列要求：

---

① 摘自《城镇燃气输配工程施工及验收规范》(CJJ 33—2005)。

(1) 涂层应均匀,颜色应一致。
(2) 漆膜应附着牢固,不得有剥落、皱纹、针孔等缺陷。
(3) 涂层应完整,不得有损坏、流淌。

2. 镀锌管刷漆不符合要求

(a) 刷漆剥落、皱纹　　　　　　(b) 刷漆不均匀,局部色浅

图 2.3.19　镀锌管刷漆不符合要求

3. 镀锌管刷漆符合要求

(a) 镀锌管刷漆符合要求　　　　(b) 镀锌管刷漆符合要求

图 2.3.20　镀锌管刷漆符合要求

(二) 镀锌管生料带缠绕

1. 规范要求[1]

螺纹连接应符合下列规定：

(1) 管道螺纹接头宜采用聚四氟乙烯胶带做密封材料，当输送湿燃气时，可采用油麻丝密封材料或螺纹密封胶。

(2) 拧紧管件时，不应将密封材料挤入管道内，拧紧后应将外露的密封材料清除干净。

(3) 管件拧紧后，外露螺纹宜为1~3扣，钢制外露螺纹应进行防锈处理。

2. 镀锌管生料带缠绕不符合要求

(a) 生料带外露过多　　　　　(b) 未缠绕生料带

图 2.3.21　镀锌管生料带缠绕不符合要求

---

[1] 摘编自《城镇燃气室内工程施工与质量验收规范》(CJJ 94—2009)。

3. 镀锌管生料带缠绕符合要求

图 2.3.22　镀锌管生料带缠绕符合要求

（三）镀锌管攻制螺纹

1. 规范要求[①]

螺纹连接应符合下列规定：

（1）钢管在切割或攻制螺纹时，焊缝处出现开裂，该钢管严禁使用。

（2）现场攻制的管螺纹数宜符合表 2.3.1 的规定：

表 2.3.1　现场攻制的管螺纹数

管子公称尺寸 dn	$dn \leqslant DN20$	$DN20 < dn \leqslant DN50$	$DN50 < dn \leqslant DN65$	$DN65 < dn \leqslant DN100$
螺纹数	9～11	10～12	11～13	12～14

（3）钢管的螺纹应光滑端正，无斜丝、乱丝、断丝或脱落，缺损长度不得超过螺纹数的 10%。

---

① 摘编自《城镇燃气室内工程施工与质量验收规范》(CJJ 94—2009)。

2. 镀锌管攻制螺纹不符合要求

(a) 乱丝、断丝较多

(b) 攻制螺纹戴手套不符合要求

图 2.3.23　镀锌管攻制螺纹不符合要求

3. 镀锌管套丝符合要求

(a) 镀锌管螺纹符合要求

(b) 攻制螺纹过程符合要求

图 2.3.24　镀锌管攻制螺纹符合要求

（四）管道支架安装

1. 规范要求[①]

（1）钢管支架的最大间距宜按表2.3.2选择。

表2.3.2　钢管支架最大间距

公称直径	最大间距(m)	公称直径	最大间距(m)
DN15	2.5	DN100	7.0
DN20	3.0	DN125	8.0
DN25	3.5	DN150	10.0
DN32	4.0	DN200	12.0
DN40	4.5	DN250	14.5
DN50	5.0	DN300	16.5
DN65	6.0	DN350	18.5
DN80	6.5	DN400	20.5

（2）水平管道转弯处应在以下范围内设置固定托架或管卡座：
① 钢质管道不应大于1.0 m。
② 不锈钢波纹软管、铜管道、薄壁不锈钢管道每侧不应大于0.5 m。
③ 铝塑复合管每侧不应大于0.3 m。

（3）支架的结构形式应符合设计要求，排列整齐，支架与管道接触紧密，支架安装牢固，固定支架应使用金属材料。

[①] 摘编自《城镇燃气室内施工与质量验收规范》(CJJ 94—2009)。

2. 管道支架安装不符合要求

(a) 管道支架安装不符合要求　　　　　(b) 管道支架安装不符合要求

图 2.3.25　管道支架安装不符合要求

3. 管道支架安装符合要求

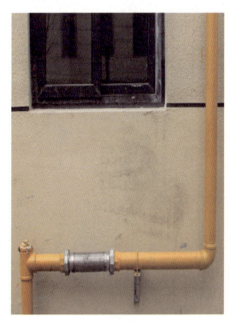

(a) 管道支架安装符合要求　　　　　(b) 管道支架安装符合要求

图 2.3.26　管道支架安装符合要求

（五）安全间距

1. 规范要求[①]

室外架空的燃气管道，可沿建筑物外墙或支柱敷设，并应符合下列要求：

架空燃气管道与铁路、道路、其他管线交叉时的垂直净距不应小于表 2.3.3 的规定。

表 2.3.3　架空燃气管道与铁路、道路、其他管线交叉时的垂直净距

建筑物和管线名称		最小垂直净距(m)	
		燃气管道下	燃气管道上
其他管道、管径	≤300 mm	同管道直径但不小于 0.10	同管道直径但不小于 0.10
	>300 mm	0.30	0.30

2. 安全间距不符合要求

(a) 燃气管道与其他管道间距不足　　　　(b) 燃气管道与其他管道间距不足

图 2.3.27　安全间距不符合要求

---

① 摘编自《城镇燃气设计规范》(GB 50028—2006)。

3. 燃气管与相邻其他管道间距符合要求

(a) 燃气管与其他管道安全间距符合要求

(b) 燃气管与其他管道安全间距符合要求

图 2.3.28　相邻管安全间距符合要求

(六) 户内立管与插座安全间距

1. 规范要求[①]

室内燃气管道与电气设备、相邻管道之间的净距应不小于表 2.3.4 的规定。

表 2.3.4　室内燃气管道与电气设备、相邻管道之间的净距(cm)

	名　称	平行敷设	交叉敷设
电气设备	明装的绝缘电线或电缆	25	10
	暗装或管内绝缘电线	5(从所做的槽或管子的边缘算起)	1
	电插座、电源开关	15	不允许
	电压小于 1 000 V 的裸露电线	100	100
	配电盘或配电箱、电表	30	不允许
相邻管道		应保证燃气管道、相邻管道的安装、检查和维修	2

---

①　摘编自《城镇燃气设计规范》(GB 50028—2006)。

续表 2.3.4

名　称	平行敷设	交叉敷设
燃具	主立管与燃具水平净距不应小于 30 cm；灶前管与燃具水平净距不得小于 20 cm；当燃气管道在燃具上方通过时，应位于抽油烟机上方，且与燃具的垂直净距应大于 100 cm	

注：① 当明装电线加绝缘套管且套管的两端各伸出燃气管道 10 cm 时，套管与燃气管道的交叉净距可降至 1 cm。
② 当布置确有困难，在采取有效措施后，可适当减小净距。

2. 户内立管与插座安全间距不符合要求

 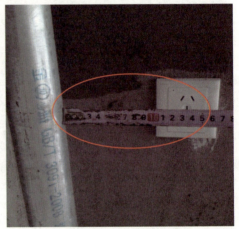

(a) 与电插座安全间距小于15 cm　　(b) 与电插座安全间距小于15 cm

图 2.3.29　户内立管与插座安全间距不符合要求

3. 户内立管与插座安全间距符合要求

(a) 安全间距符合要求　　　　　　(b) 安全间距符合要求

图 2.3.30　户内立管与插座安全间距符合要求

(七) 乙字弯和立管与烟道

1. 乙字弯和立管挡烟道

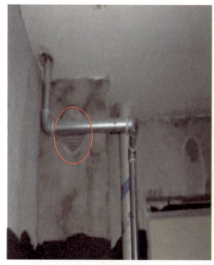

(a) 乙字弯挡烟道　　　　　　(b) 立管挡烟道

图 2.3.31　乙字弯和立管挡烟道

2. 乙字弯和立管避开烟道

(a) 乙字弯避开烟道　　　　　　(b) 立管避开烟道

图 2.3.32　乙字弯和立管避开烟道

（八）室外管道安装

1. 规范要求[①]

立管安装应垂直，每层偏差不应大于 3 mm/m 且全长不大于 20 mm。当因上层与下层墙壁壁厚不同而无法垂于一线时，宜做乙字弯进行安装。当燃气管道垂直交叉敷设时，大管宜置于小管外侧。

---

① 摘自《城镇燃气室内工程施工与质量验收规范》(CJJ 94—2009)。

2. 室外立管水平度、垂直度不符合要求

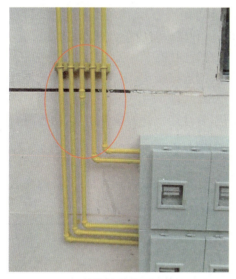

(a) 镀锌管安装不垂直　　　　　　(b) 镀锌管安装不水平

图 2.3.33　室外立管水平度、垂直度不符要求

3. 合格室外立管安装

(a) 镀锌管安装横平竖直　　　　　　(b) 镀锌管安装横平竖直

图 2.3.34　室外立管水平度、垂直度符合要求

(九) 套管安装

1. 规范要求[①]

(1) 当燃气管道穿越管沟、建筑物基础、墙和楼板时应符合下列要求：

① 燃气管道必须敷设于套管中，且宜与套管同轴。

② 套管内的燃气管道不得设有任何形式的连接接头（不含纵向或螺旋焊缝及经无损检测合格的焊接接头）。

③ 套管与燃气管道之间的间隙应采用密封性能良好的柔性防腐、防水材料填实，套管与建筑物之间的间隙应用防水材料填实。

(2) 燃气管道穿过建筑物基础、墙和楼板所设套管的管径不宜小于表2.3.5的规定；高层建筑引入管穿越建筑物基础时，其套管管径应符合设计文件的规定。

表2.3.5 燃气管道的套管公称尺寸

燃气管直径(mm)	DN10	DN15	DN20	DN25	DN32	DN40	DN50	DN65	DN80	DN100	DN150
套管直径(mm)	DN25	DN32	DN40	DN50	DN65	DN65	DN80	DN100	DN125	DN150	DN200

(3) 燃气管道穿墙套管的两端应与墙面齐平；穿楼板套管的上端宜高于最终形成的地面5 cm，下端应与楼板底齐平。

2. 套管安装不符合要求

(a) 套管过长　　　　　(b) 套管未封堵

图2.3.35　套管安装不符合要求

---

① 摘自《城镇燃气室内工程施工与质量验收规范》(CJJ 94—2009)。

第三节 安 装 工 程

(c) 套管过短　　　　　　　　(d) 封堵不符合要求

图 2.3.35 （续）

3. 套管安装符合要求

(a) 套管安装符合要求　　　　　(b) 套管安装符合要求

图 2.3.36　套管安装符合要求

四、管道附属设备安装

（一）螺栓安装

1. 规范要求

（1）螺栓及螺母的螺纹应完整，不得有伤痕、毛刺等缺陷；螺栓与螺母应配合良好，不得有松动或卡涩现象。

（2）螺栓与螺孔的直径应配套，并使用同一规格螺栓，安装方向一致，紧固螺栓应对称均匀，紧固适度，紧固后螺栓外露长度不应大于 1 倍螺距，且不得低于螺母。

2. 螺栓安装不符合要求

(a) 螺栓过长

(b) 螺栓长度不足

图 2.3.37　螺栓安装不符合要求

3. 螺栓安装符合要求

(a) 螺栓安装符合要求　　　　　　(b) 螺栓安装符合要求

图 2.3.38　螺栓安装符合要求

(二) 法兰球阀安装

1. 规范要求

法兰或螺纹连接的阀门应在关闭状态下安装,焊接阀门应在打开状态下安装。

2. 法兰球阀安装不符合要求

(a) 法兰球阀安装时处于开启状态　　　(b) 法兰球阀安装时处于开启状态

图 2.3.39　法兰球阀安装不符合要求

3. 法兰球阀安装符合要求

(a) 法兰球阀安装时处于关闭状态　　(b) 法兰球阀安装时处于关闭状态

图 2.3.40　法兰球阀安装符合要求

（三）调压柜放散管安装

1. 规范要求

调压柜放散管安装螺纹连接宜采用生料带密封，防止雨水从此处进入调压柜。

2. 调压柜放散管安装不符合要求

(a) 放散管安装未缠绕生料带　　(b) 放散管安装未缠绕生料带

图 2.3.41　调压柜放散管安装不符合要求

3. 调压柜放散管安装符合要求

(a) 放散管安装符合要求　　　　(b) 放散管安装符合要求

图 2.3.42　调压柜放散管安装符合要求

(四) 皮膜表安装

1. 规范要求[①]

家用燃气计量表的安装应符合下列规定：

(1) 燃气计量表安装后应横平竖直，不得倾斜。

(2) 燃气计量表的安装应使用专用的表连接件。

(3) 安装在橱柜内的燃气计量表应满足抄表、检修及更换的要求，并应具有自然通风的功能。

(4) 低位安装时，表底距地面应不小于 0.15 m。

(5) 高位安装时，燃气计量表与燃气灶的水平净距不得小于 300 mm，表后与墙面净距不得小于 10 mm。

---

① 摘自《城镇燃气室内工程施工及验收规范》(CJJ 94—2009)。

2. 皮膜表安装不符合要求

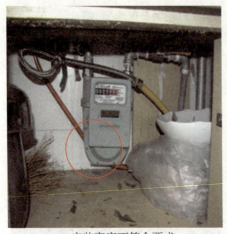 

(a) 安装高度不符合要求　　　　　　(b) 表面被污染

图 2.3.43　皮膜表安装不符合要求

3. 皮膜表安装符合要求

(a) 低位皮膜表安装符合要求　　　　(b) 高位皮膜表安装符合要求

图 2.3.44　皮膜表安装符合要求

（五）罗茨流量计安装

1. 规范要求

（1）安装流量计前，必须将管道内杂物、焊渣、粉尘吹扫干净。

(2) 安装流量计前必须将管道内的保压空气泄掉,防止强压损坏流量计腰轮、轴承。

(3) 仪表严禁在线焊接。

(4) 流量计在水平安装时,必须在管道上安装支撑架。

(5) 安装流量计时,应确保流量计中心与管线中心对齐、无错位,并使流量计不受外力影响(包括轴向和切向)。

2. 罗茨流量计安装不符合要求

(a) 流量计安装不垂直

(b) 流量计安装不同轴

(c) 流量计屏幕被挡

(d) 流量计屏幕被挡

图 2.3.45　罗茨流量计安装不符合要求

3. 罗茨流量计安装符合要求

(a) 表具安装符合要求　　(b) 表具安装符合要求

图 2.3.46　罗茨流量计安装符合要求

（六）压力表具

1. 规范要求[①]

（1）强度试验用压力计的量程应为试验压力的 1.5～2 倍，精度不得低于 1.5 级。

（2）严密性试验用的压力计应在校验有效期内，其量程应为试验压力的 1.5～2 倍，其精度等级、最小分格值及表盘直径应满足表 2.3.6 的要求。

表 2.3.6　试压用压力表选择要求

量程(MPa)	精度等级	最小表盘直径(mm)	最小分格值(MPa)
0～0.1	0.4	150	0.0005
0～1.0	0.4	150	0.005
0～1.6	0.4	150	0.01
0～2.5	0.25	200	0.01
0～4.0	0.25	200	0.01
0～6.0	0.16	250	0.01
0～10	0.16	250	0.02

---

① 摘自《城镇燃气输配工程施工及验收规范》(CJJ 33—2005)。

2. 压力表不符合要求

(a) 低压强度试验,表具量程过大

(b) 中压强度试验,表具量程过小

(c) 低压气密性实验,表具精度过低

(d) 中压气密性试验,表具精度过低

图 2.3.47　压力表不符合要求

3. 压力表符合要求

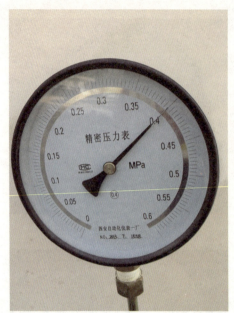 

(a) 常用低压强度实验压力表　　　　(b) 常用中压强度实验压力表

图 2.3.48　压力表符合要求

第三章 工程常用配件及附属设备

燃气管道配件及附属设备是燃气工艺装置及管网的重要组成部分,是燃气设备设施中不可或缺的辅助部件。熟悉这些部件不仅可以增强产品功能,提高产品性能,而且为管网安全运行、检修、接线的需求,提供了必要的保障。

本章主要介绍各种常用管道配件及附属设备的主要用途及型号,并以工程安装实物进行对照,图文并茂地展示各种配件的应用,达到简单、易懂的效果,帮助、指导燃气施工人员(尤其新进人员)更好更直观地掌握燃气管道配件及附属设备,以便更好地规范燃气建设。这部分内容可供从事燃气行业施工、维修和采购的相关人员阅读与参考。

第一节 钢制配件

1. 钢制三通

用途:用于主管道分支管处,有等径和异径之分。
常用型号:Φ325×219×7、Φ219×219×7、Φ89×89×4、Φ76×32×4、Φ57×38×3.5等。

2. 钢制弯头

用途：用于改变管路方向的管件。
常用型号：Φ325×8×45°、Φ325×7×90°、Φ219×7×90°、Φ159×5×90°、Φ89×4×90°、Φ32×4×90°等。

3. 钢制异径

用途：用于改变输气管路中管道的管径。
常用型号：Φ508×325×7.9×7、Φ219×89×7×4、Φ57×38×4×3.5 等。

4. 钢制法兰

用途:用于管道、设备及阀门等之间的连接。
常用型号:PN1.6-DN300、PN1.6-DN200、PN1.0-DN100 等。

5. 法兰盲板

用途:封堵管道的末端。
常用型号:PN1.0-DN300、PN1.0-DN200、PN1.0-DN100 等。

6. 金属缠绕型垫片

用途：用于法兰连接中，起密封作用。
常用型号：PN1.0-DN300、PN1.0-DN200、PN1.0-DN100 等。

7. 焊接式连接器（马鞍）

用途：在不停气的前提下对主管道开洞接支管。
常用型号：DN100×50、DN200×100、DN200×80、DN300×150 等。

8. 机械式连接器(马鞍)

用途:在不停气的前提下对主管道开洞接支管。

常用型号:DN100×50、DN200×100、DN200×80、DN300×150 等。

9. 绝缘接头

用途:将两个不同电位的管线或者场站部分分开,不导电,防止电化学腐蚀,是阴极保护所需的重要元件。

常用型号:PN1.0-DN25、DN40、DN50、DN65、DN80、DN100、DN125、DN150、DN200、DN250、DN300、DN400、DN500、DN600 等。

10. 钢制转换接头

用途:用于钢管与镀锌管连接时,作为转换接头使用。

常用型号:Φ22×DN15(外丝)、Φ32×DN25、Φ57×DN50、Φ76×DN65、Φ89×DN80 等。

11. 钢制螺栓

用途:连接紧固法兰的材料。

常用型号:8.8 级:M10×40、M12×50、M12×60、M12×70、M14×70、M16×60、M16×70、M16×80、M16×90、M20×80、M20×90、M20×120、M22×90、M22×100、M22×120、M24×120、M24×130、M27×110、M27×140;双头螺栓 8.8 级:M12×60、M14×60、M14×80、M16×60、M16×75、M16×110、M18×120、M18×130、M20×120、M20×130、M22×90、M22×100、M22×110、M22×120、M24×130、M24×140、M24×180、M27×140、M27×180、M33×140、M33×210、M34×200 等。

第二节 聚乙烯配件

1. 聚乙烯三通

用途：用于主管道分支管处，有等径和异径之分。
常用型号：De63×63、De90×63、De90×90、De110×63、De110×90、De110×110、De160×63、De160×90、De160×110、De160×160、De200×63、De200×90、De200×110、De200×160、De200×200、De315×200、De315×315 等。

2. 聚乙烯弯头

用途：用于改变管路方向。
常用型号：De63×90°、De90×90°、De110×90°、De160×90°、De160×45°、De200×90°等。

3. 聚乙烯异径

用途：用于改变输气管路的管径。
常用型号：De90×63、De110×63、De110×90、De160×63、De160×90、De160×110、De200×63、De200×90、De200×110、De200×160、De315×200 等。

4. 聚乙烯法兰、聚乙烯垫环

用途：用于聚乙烯管与其他材质管道的法兰连接。
常用型号：聚乙烯法兰 De63、De90、De110、De160、De200、De315；聚乙烯垫环 De63、De90、De110、De160、De200、De315、De355 等。

5. 聚乙烯管帽

用途：用于管道末端的封堵。

常用型号：De63、De90、De110、De160、De200、De315 等。

6. 聚乙烯套筒

用途：用于聚乙烯管之间的连接。

常用型号：De63、De90、De110、De160、De200、De315 等。

7. 钢塑转换接头

用途：用于连接钢管和聚乙烯管。

常用型号：De63×Φ48、De63×Φ57、De63×Φ60、De90×Φ76、De90×Φ89、De110×Φ89、De110×Φ108、De160×Φ89、De160×Φ108、De200×Φ159 等。

8. 聚乙烯凝水缸

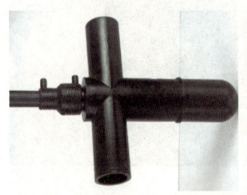 

用途：用于收集管道中的水，防止管道水堵。

常用型号：De63、De90、De110、De160、De200 等。

9. 开孔封堵管件

用途：在不停气的前提下对聚乙烯主管道进行开洞封堵的配件。
常用型号：De200、De160 等。

第三节　镀锌配件

1. 镀锌三通

用途：用于主管道分支管处，有等径和异径之分。
常用型号：DN15×15、DN20×15、DN20×20、DN25×15、DN25×20、DN25×25、DN40×15、DN40×20、DN40×25、DN40×40、DN50×15、DN50×20、DN50×25、DN50×40、DN50×50 等。

2. 镀锌弯头

用途:用于改变管道的方向。

常用型号:DN15×90°、DN20×45°、DN20×90°、DN25×45°、DN25×90°、DN32×90°、DN40×90°、DN40×45°、DN50×90°、DN50×45°、DN65×90°、DN65×45°、DN80×90°、DN80×45°、DN100×90°、DN100×45°等。

3. 镀锌(变径)弯头

用途:用于改变管路方向并改变管径。

常用型号:DN20×15×90°、DN25×15×90°、DN25×20×90°、DN40×15×90°、DN40×20×90°、DN40×25×90°、DN40×32×90°、DN50×15×90°、DN50×20×90°、DN50×32×90°、DN50×40×90°、DN80×50×90°等。

4. 镀锌变径

用途:用于改变输气管路中管道的管径。

常用型号:DN20×15、DN25×15、DN25×20、DN40×15、DN40×20、DN40×25、DN50×15、DN50×20、DN50×25、DN50×32、DN50×40、DN65×25、DN65×40、DN65×50、DN80×25、DN80×40 等。

5. 镀锌堵头

用途:用于管道末端的封堵。

常用型号:DN15、DN20、DN25、DN32、DN40、DN50、DN65、DN80、DN100 等。

6. 镀锌束节

 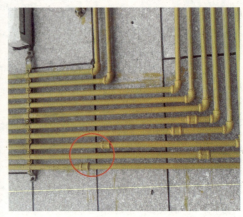

用途：用于镀锌管与镀锌管之间的连接。

常用型号：DN15、DN20、DN25、DN40、DN50、DN65、DN80、DN100 等。

7. 镀锌外丝

用途：用于内丝配件之间的连接。

常用型号：DN15、DN20、DN25、DN32、DN40、DN50、DN65、DN80、DN100 等。

8. 镀锌活接

用途:用于镀锌管两固定端的连接。
常用型号:DN15、DN20、DN25、DN32、DN40、DN50、DN65、DN80、DN100 等。

9. 连接器

用途:用于镀锌管两固定端的连接。
常用型号:DN25、DN40、DN50、DN65、DN80 等。

10. 托架

用途：用于架空管道或户内管道的固定。
常用型号：DN20、DN25、DN40、DN50、DN65、DN80 等。

第四节　球墨配件

1. 盘承短管

用途：用于球墨铸铁管与其他材质管道的连接。
常用型号：DN100、DN150、DN200、DN300、DN400、DN500 等。

2. 承盘短管

用途：用于球墨铸铁管与其他材质管材连接。
常用型号：DN100、DN150、DN200、DN300、DN400、DN500 等。

3. 球墨管帽

用途：用于末端封堵。
常用型号：DN100、DN150、DN200、DN300、DN400、DN500 等。

4. 球墨套筒

用途：用于接气（活头管）连接。

常用型号：DN100、DN150、DN200、DN300、DN400、DN500 等。

5. 球墨弯头

用途：用于球墨管道施工中改变管路方向。

常用型号：DN100（22.5°、45°、90°）、DN150（22.5°、45°、90°）、DN200（22.5°、45°、90°）、DN300（22.5°、45°、90°）、DN400（11.25°、22.5°、45°、90°）、DN500（45°、90°）等。

6. 球墨铸铁三通

用途：用于球墨管道分支分流处。
常用型号：DN100×100、DN150×100、DN150×150、DN200×100、DN300×100、DN400×100、DN500×400、DN500×500 等。

7. 球墨变径

用途：用于连接不同管径球墨铸铁管道。
常用型号：DN150×100、DN100×100、DN150×100、DN150×150、DN200×100、DN300×100、DN400×100、DN500×400 等。

8. 铸铁螺栓

用途：用于连接紧固压兰盘。
常用型号：M20×120、M20×140 等。

9. 哈夫节

用途：用于球墨管道漏气点的维修封堵。
常用型号：DN100、DN150、DN200、DN300、DN400、DN500 等。

第五节　不锈钢配件

1. 不锈钢弯头

用途：用于改变管路输气方向，两端都采取环压连接。
常用型号：L15、L40、L50、L65、L80、45L40（不锈钢45°弯头）等。

2. 不锈钢三通

用途：用于不锈钢管道分支处的分流。
常用型号：T25、T40、T50、T65等。

3. 不锈钢异径直通

 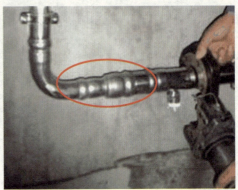

用途:用于改变不锈钢管路管径的配件。
常用型号:S25×20、S40×25、S50×40、S65×50、S80×65 等。

4. 不锈钢中小内丝三通

用途:用于不锈钢管道分支处的分流,且分支接头为丝接(内丝)。
常用型号:T25×20N、T40×20N、T40×25N、T50×20N、T50×25N、T65×25N 等。

5. 不锈钢调节直通

用途：用于不锈钢直管段管道之间环压连接的配件。
常用型号：S40Ⅲ、S50Ⅲ、S65Ⅲ。

6. 不锈钢法兰接口

用途：用于不锈钢管道与法兰接口连接的配件。
常用型号：FJ40、FJ65、FJ80等。

7. 不锈钢管支撑架

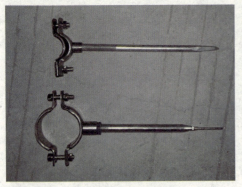

用途：固定不锈钢管道的配件。
常用型号：G15、G25、G40、G50、G65、G80 等。

第六节 附属设备

（一）补偿器

1. 金属膨胀节（活接连接）

用途：用于沉降量不同的建筑物或构筑物之间的镀锌管管道的连接，起到消除管道应力的作用。
常用型号：10AUF 40-300、10AUF 50-300、10AUF 65-300、10AUF 80-300 等。

2. 金属膨胀节（法兰连接）

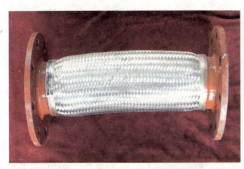 

用途：用于沉降量不同的建筑物或构筑物之间的镀锌管管道的连接，起到消除管道应力的作用。

常用型号：10FL₃40-300、10FL₃50-500、10FL₃65-500、10FL₃80-500、10FL₃100-600、10FL₃125-500、10FL₃150-500、10FL₃200-500、10FL₃300-500 等。

3. 钢制补偿器（法兰连接）

用途：用于钢质管道的连接，起到消除管道因温度变化产生的轴向应力的作用。

常用型号：PN1.0-DN80、PN1.0-DN100、PN1.0-DN150、PN1.0-DN200、PN1.0-DN300、PN1.0-DN400、PN1.0-DN500、PN1.0-DN60 等。

(二) 阀门

1. 钢制闸阀

用途：用于埋地主管道截断、分配和改变介质的流动方向。

常用型号：DN80、DN100、DN150、DN200、DN300、DN400、DN500、DN600 等。

2. 法兰球阀

用途：用于管路中截断、分配和改变介质的流动方向。

常用型号：DN15、DN20、DN25、DN32、DN40、DN50、DN65、DN80、DN100、DN125、DN150、DN200、DN250、DN300、DN400 等。

3. 铸钢法兰球阀

 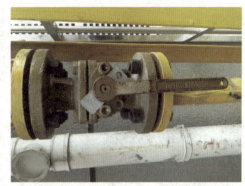

用途：用于管路中截断、分配和改变介质的流动方向。
常用型号：DN25、DN32、DN40、DN50、DN65、DN80、DN100 等。

4. 内螺纹球阀

用途：用于截断或接通管路中的介质。
常用型号：DN15、DN20、DN25、DN32、DN40、DN50、DN65、DN80、DN100 等。

5. PE球阀

用途：用于聚乙烯管道，起截断气流的作用。
常用型号：De63、De90、De110、De160、De200、De315等。

6. 电磁阀

用途：与燃气泄漏报警装置配套使用，漏气时起截断气流的作用。
常用型号：0.1MPa：DN40、DN50、DN80、DN100、DN125、DN150、DN200；0.4MPa：DN50、DN80、DN100、DN150、DN200、DN300等。

(三) 调压计量设备

1. 柜式调压器

用途:将较高压力级制的燃气降为需要的压力级制并保持燃气在使用时有稳定的压力。

常用型号:依据施工图纸定制。

2. 挂式调压器

用途:将较高压力级制的燃气降为需要的压力级制,并保持燃气在使用时有稳定的压力。

常用型号:依据施工图纸定制。

3. 筒形过滤器

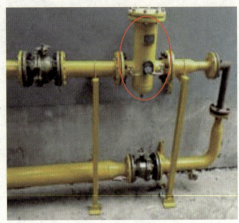

用途:过滤燃气中的杂质,保护表具等精密设备长期安全运行的配件。
常用型号:DN50、DN80、DN100、DN150、DN200、DN300 等。

4. 膜式燃气表

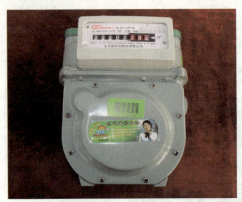

用途:居民用户用气计量设备。
常用型号:G1.6、G2.5、G4 等。

5. 罗茨流量计

用途：工商用户用气计量设备。

常用型号：螺纹连接 DN20-10m³/h 200kPa；螺纹连接 DN25-16m³/h 200kPa；DN25-20m³/h 200kPa、DN32-30m³/h 200kPa、DN40-40m³/h 200kPa 等。

6. 涡轮流量计

用途：工商用户用气计量设备。

常用型号：DN20-25m³/h、DN50-65m³/h、DN50-100m³/h、DN80-160m³/h、DN80-250m³/h、DN150-650m³/h、DN250-1 600m³/h。

7. 控制器

用途：通过 IC 卡自动收费的设备。
常用型号：JGML25L、JGML30L、JGML40L、JGML50L、JGML80L、JGML100L、JGML150L。

8. 表接头

用途：民用表具连接配件。
常用型号：DN15。

9. 民用表箱

用途：保护燃气表具，避免日晒雨淋、防止被破坏。
常用型号：1×2、1×1、2×1、2×2、2×3、3×2 等。

第七节 其他材料

1. 热缩套

用途：用于长输石油、天然气钢管焊口防腐。
常用型号：DN200、DN250、DN300、DN350、DN400、DN500、DN600、DN700 等。

2. 缠绕带

用途:用于长输石油、天然气钢管焊口防腐,城市燃气管网接缝防腐。
常用型号:FRD150-1.5/1.0(30 m/卷)。

3. 冷缠带

用途:用于石油、天然气、化工、给排水的管道直管、弯头、存储罐体、导行件等部分的防腐和修复。
常用型号:BL-10×1.5(1 m^2/卷)。

4. 玻璃丝布

用途:主要用于管道防腐,保温。
常用型号:按宽度分 10 mm、16 mm、17 mm、20 mm、30 mm、40 mm 等。

5. 警示带

用途:敷设在埋地管道上方,对后期开挖起警示作用。
常用型号:带示踪线(50 m/卷)、抢险专用(200 m/卷)。

6. 标志桩

用途:用于埋地燃气管道位于非硬化路面下管线位置的标识。
常用型号:中压 A 级、B 级及低压燃气管线标志桩,有直线、弯头、三通、末端。

7. 标志贴

用途:用于埋地燃气管道位于硬化路面下管线位置的标识。
常用型号:中压 A 级、B 级及低压燃气管线标志桩,有直线、弯头、三通、末端。

8. 金属示踪线

用途:用于地下非金属管网的查找与定位。
常用型号:2.5 mm²、7 mm²。

9. PE 警示保护板

用途:用于聚乙烯燃气管的警示及保护。
常用型号:按厚度分 3 mm、5 mm、12 mm 等。

附 录

附录一 牺牲阳极阴极保护

一、原理

根据电化学原理,把不同电极电位的两种金属置于电解质体系内,当有导线连接时就有电流流动。这时,电极电位较负的金属为阳极,可利用两金属的电极电位差作阴极保护的电流源。

二、常见的牺牲阳极材料

牺牲阳极法是通过阳极自身的消耗,给被保护金属体提供保护电流,对牺牲阳极材料有以下性能要求:

① 要有足够负的电位,在长期放电过程中很少极化。
② 腐蚀产物应不粘附于阳极表面,疏松易脱落,不可形成高电阻硬壳,且无污染。
③ 自腐蚀小,电流效率高。
④ 单位质量发生的电流量大,且输出电流均匀。
⑤ 有较好的力学性能,价格便宜,来源广。

常见的牺牲阳极材料有以下几种:

(1) 镁合金阳极

根据形状以及电极电位的不同,镁合金阳极可用于电阻率在 20 Ω/m 到 100 Ω/m 的土壤或淡水环境。高电位镁合金阳极的电位为 -1.75 V(CSE);低电位镁合金阳极的电位为 -1.55 V(CSE)。镁是比较活泼的金属,表面不易极化,电极电位比较负,所以是理想的牺牲阳极材料。但是,纯镁的电流效率不高,造价太高,所以一般都使用镁合金做牺牲阳极材料。

(2) 锌合金阳极

锌是阴极保护中应用最早的牺牲阳极材料。锌的电极电位比铁负,表面不易极化,是理想的牺牲阳极材料。锌合金阳极多用于土壤电阻率小于 15 Ω/m 的土壤环境或海水环境。电极电位为 -1.1 V(CSE)。温度高于 40 ℃时,锌阳极的驱动电位下降,并发生晶间腐蚀。高于 60 ℃时,它与钢铁的极性发生逆转,变成阴极受到保护,而钢铁变成阳极受到腐蚀。所以,锌阳极仅能用于温度低于 40 ℃的环境。

(3) 铝合金阳极

铝合金作为牺牲阳极材料是近年发展起来的新品种。由于铝是自钝化金属,所以不论是纯铝还是铝合金,从电化学观点看,都是一种似乎不可克服的弊病,即阳极表面极易钝化,造成电位正移,活性降低。

由于铝的自钝化性能,所以纯铝不能作为牺牲阳极材料。目前已开发了 Al-Zn-Hg 系、Al-Zn-In 系等几个系列。由于汞对环境的污染及冶炼困难,目前各国都限制含汞的铝阳极的生产。而 Al-Zn-In 系是目前各国公认的有前途的铝阳极系列。

三、牺牲阳极保护的施工

1. 阳极种类的选择

牺牲阳极种类的选择主要是根据土壤电阻率、土壤含盐类及被保护管道的覆盖层状态。一般说,镁阳极适用于各种土壤环境;锌阳极适用于土壤电阻率低的潮湿环境;而铝阳极还没有统一认识,国外一直不主张将其用于土壤环境中,国内已有不少实践,推荐用于低电阻率、潮湿和氯化物的环境中。

2. 牺牲阳极地床

为了防止土壤对阳极的钝化作用,一般在阳极四周都要填有一定的化学填料。填料的作用为:

(1) 改良阳极周围环境,确保稳定、良好的电流效率。

(2) 降低阳极接地电阻,增加阳极输出电流。

(3) 溶解电极腐蚀产物,防止阳极极化。

(4) 吸收周围土壤中水分,维持阳极四周长久湿润,提高阳极的工作电位。

不同的阳极、不同的适用环境需采用不同的填包料。

注:膨润土系一种特殊的硅酸盐土壤,具有强的吸水性,并能形成半透膜,阻止土壤中阴离子(在填包料中)的流失。因此,膨润土不可用黏土来代替。

填包料宜采用棉布袋或麻袋预包装,不可采用人造纤维织物布袋,可以在现场包封。填包料厚度不应小于 50 mm,应保证阳极四周的填包料厚度一致、密实。填包料应调拌均匀,不能混入石块、泥土和杂草等。

在将装设好阳极电缆的阳极块放入填包料之前,应先将阳极表面用砂布打磨干净,除去氧化皮并去除油污。对铝合金阳极也可用 10％NaOH 溶液浸泡数分钟,以除去阳极表面的氧化膜,然后用清水冲洗干净。在装填袋装阳极时应注意:

(1) 防止阳极钢芯与电缆引出头焊接处的折断。
(2) 阳极所有裸露的表面均需除净油污等杂物。
(3) 擦洗净的阳极表面,严禁用手直接拿放,并应及时装入填包袋中,以防污染。
(4) 袋装阳极引出电缆与袋口绑扎要结实,防止散口。

3. 阳极布置与埋设

牺牲阳极的分布可采用单支或集中成组两种方式;阳极埋设分立式、水平式两种;埋设方向分轴向和径向。阳极埋设位置一般距管道外壁 3～5 m,最小不宜小于 0.3 m。埋设深度以阳极顶部距地面不小于 1 m 为宜。成组布置时,阳极间距以 2～3 m 为宜。

牺牲阳极必须埋在冻土层以下。在地下水位低于 3 m 的干燥地带,牺牲阳极应适当加深埋设。在河流、湖泊地带,牺牲阳极应尽量埋设在河床(湖底)的安全部位,以防洪水冲刷和挖泥清淤时损坏。

在城市和管网区使用牺牲阳极时,要注意阳极与管道之间不应有其他金属构筑物。例如电缆、水、气管道等。

牺牲阳极施工要根据施工条件,选择经济合理的阳极施工方式。立式阳极宜采用钻孔法施工;水平式宜采用开挖沟槽施工。按设计要求在埋设点挖好阳极坑和电缆沟,检查袋装阳极电缆接头的导电性能,合格后袋装阳极就位,放入阳极坑内。阳极连接电缆,埋设深度不应小于 0.7 m,四周垫有 5～10 cm 的细砂,砂的上部应覆盖水泥护板或红砖。

阳极电缆与管道应用加强板(材质与管材一致)上焊铜鼻子的方法连接。焊加强板的管道表面防腐层应剥除干净。放上加强板,加强板与管道应采用四周角焊,焊缝长度不少于 100 mm。电缆与管道加强板通过铜鼻子锡焊或铜焊连接。焊后,必须将连接处重新进行防腐绝缘处理,其材料和等极应和原有防腐层一致。

阳极连接电缆和阳极钢芯采用铜焊或锡焊连接,双边焊缝长度不得小于 50 mm。电缆与阳极钢芯焊接后,应采取必要的保护措施,以防接头损坏。电缆在敷设时,要有一定的余量,以防止土壤下沉变形而造成接头处受力。电缆与电缆接头及露出阳极端面的钢芯均要防腐绝缘。绝缘材料应用环氧树脂或相同功效的其他涂料。

镁阳极连接电缆应满足地下敷设条件的要求,耐压500 V,并带有绝缘护套,通常使用铜芯电缆,推荐型号为:VV29-500/1×10 和 XV29-500/1×10。确认各焊点、连接点、绝缘防腐合格后,回填土壤。在回填土将阳极布袋埋住后,向阳极坑内灌水。使阳极填料饱和吸满水后,将回填土夯实,恢复地貌。

4. 施工工艺流程

牺牲阳极施工工艺流程为:测试桩安装施工→辅助阳极安装→电缆敷设→全线保护参数测试。

(1) 测试桩安装施工

① 施工前应根据图纸提供的测试桩位置,经实际测量距离确定安装位置,并测出距最近的转角桩的距离、方向等。在测试桩标牌上注明桩的类型编号、里程。

② 沿线的电位与电流测试桩如与里程桩较近时,测试桩可兼做里程桩,安装时用全站仪测量距离,桩间距离误差不超过规范要求。

③ 测试桩的测试导线与管道连接,采用铝热焊接法。焊前用砂纸对焊点处进行打磨呈现金属光泽,确保焊接牢固,严禁虚焊。焊后清除焊渣,并修整焊瘤使其平滑。

④ 焊点防腐:首先,热溶胶必须完全覆盖焊点外露金属并保证有一定的外延余量;其次,热收缩带(套)应严格按线路补口管段热缩带(套)施工技术要求进行;最后,对采用的热收缩带按图纸要求对搭接处进行防腐。

⑤ 测试导线的色标按其功能划分,全线划分一致。

⑥ 测试桩体埋入地下部分回填时分层夯实,防止土方塌陷,桩体倾斜。

⑦ 设在进出站场绝缘接头的测试桩和沿线牺牲阳极保护的测试桩,内部接线方式各不相同,应按相应图纸安装。

(2) 辅助阳极安装

① 辅助阳极的位置由设计确定。

② 辅助阳极敷设方式根据图纸(垂直或水平方式)敷设,阳极四周必须填装导电性材料,并保证填料的厚度、密实。回填时注意不得损伤导线和阳极。

③ 直流电源的正极至阳极床的阳极电缆尽量不做电缆接头,在不得已的情况下,应限制为最少。电缆接头做好防渗、防腐绝缘、密封处理。

④ 在阳极区的阳极汇流电缆和阳极引线间,采用螺栓连接。连接处要采用环氧树脂做好防渗、防腐绝缘、密封处理。当采用双接头阳极时,采用双汇流电缆。

⑤ 阳极埋深按图纸要求。

⑥ 阳极地床的回填料顶部使用粒径 5～10 mm 的粗砂和砾石,厚度不小于500 mm,以利于阳极产生的气体逸出。在必要时,按设计需要安装带孔洞的硬塑料管,直插入阳极地床中心处做排气孔用。

(3) 电缆敷设

① 强制电流的连接导线敷设执行设计规定。

② 所有地下电缆连接头必须做到牢固可靠、导电良好，并做好防腐绝缘、防渗密封处理，阳极电缆接头尤为重要。

③ 电缆和管道的连接，采用铝热焊接方式。

(4) 全线保护参数测试

① 在阴极保护投产之前，检查电流电源接线，机械强度及导电性要满足送电要求。

② 强制电流保护在投产前，要对管道自然参数进行测试。投产后每隔 2 h 测量一次极化电流。当电流稳定 72 h 后，才可以进行投产测试。

③ 测试所用仪表、工具要进行检查和检验，仪表选型要符合要求。

④ 所有测试记录均需注明测试日期、使用仪器、当时气温、通电日期及测试人等。

四、施工注意事项

(1) 与管道连接要可靠，焊接要结实。

(2) 焊点补口要做好防腐。

(3) 阳极床埋设要根据设计要求，如深度和间距。

(4) 安装后的测试桩应设护栏，并设安全标志。

(5) 施工过程中，对受保护的管段应保证其导电的连续性。

(6) 施工中应注意将带状阳极埋设于填包料正中，使阳极周围填料均匀，以利于阳极电流均匀分布。

(7) 牺牲阳极防腐工程，在送电前应进行检查、验收，确认是否合格并形成文件。

附录二 非开挖施工

随着现代文明意识和环保意识的逐渐加强，开挖路面进行各类地下管线施工导致的社会问题、交通问题和环境污染问题，已越来越受人们的关注。城市限制开挖施工的法规将陆续出台，这里介绍的就是用来进行非开挖施工的水平定向钻穿越施工技术。采用水平定向钻穿越技术进行管线穿越施工，是城市市政建设和电气化管网改造，通讯光缆敷设和穿越大中小型江河、湖泊以及不可拆迁建筑物的最佳选择,是不破坏地貌形态和保护环境的最理想的施工方法。目前常用施工技术为水平定向钻和顶管。

一、水平定向钻

水平定向钻的技术工艺为:首先钻进导向孔,然后扩孔,最后回拉铺管的施工技术工艺(图1)。

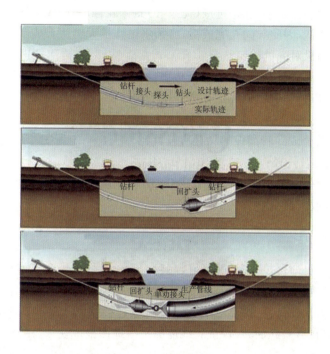

图1 水平定向钻进铺设管线施工工艺过程

1. 导向孔

导向孔钻进一般采用小直径全面钻头,进行全孔底破碎钻进。在钻头底唇面上或钻具上,安装有专门的控制钻进方向的机构。在钻具内或在紧接其后部位,安装有测量探头。钻进过程中,探头连续或间隔地测量钻孔位置参数,并通过无线或有线的方式实时地将测量数据发送到地表接收器。操作者根据这些数据及其处理这些数据得到的图表,采取适当的技术措施调整孔内控制钻进方向的机构,从而人工控制钻孔的轨迹,达到设计要求。

常用的孔内控制钻进方向的机构主要有两类:一类是钻头底唇面采用非平衡结构设计,如常钻头唇面是一个斜面,当钻头连续回转时钻进直孔;保持钻头不回转加压时,则钻孔钻进偏斜。这类方法因需要在不回转的条件下破碎岩层,所以在软质的土层大多数采用钻进液喷射辅助破碎方式钻进。另一类是钻具采用弯外管或弯接头,其弯曲方向即决定了钻头的钻进方向。这类方法导向钻进钻杆是不回转的,钻头破碎岩石的扭矩,来自于钻头后部的孔底动力机,如螺杆马达或涡轮马达。这类方法通常用于钻进岩石等硬地层。

2. 扩孔

扩孔能使钻屑(土壤)和钻进液(泥浆等)充分混合,并形成合适的空间,降低阻力,便于管道回拖,因此导向孔完成后,必须将钻孔扩大至适合成品管铺设的直径。一般而言,在钻机对面的出口坑将扩孔器连接于钻杆上,再回拉进行回扩,在其后不断地加接钻杆。根据导向孔与适合成品管铺设孔的直径大小和地层情况,扩孔可一次或多次进行。推荐最终扩孔直径按下式计算:

$$D' = K_1 D$$

式中,D'——适合成品管铺设的钻孔直径;

D——成品管外径;

K_1——经验系数。一般 $K_1 = 1.2 \sim 1.5$,当地层均质完整时,K_1 取小值,当地层复杂时,K_1 取大值。

3. 拉管

扩孔完成后,即可拉入需铺设的成品管。管子最好预先全部连接妥当,以利于一次拉入。当地层情况复杂,如钻孔缩径或孔壁垮塌,可能对拉管造成困难。拉管时,应将扩孔器接在钻杆上,然后通过单动接头连接到管子的拉头上,单动接头可防止管线与扩孔器一起回转,保证管线能够平滑地回拖成功。

4. 施工后复验

为了检验回拖后管道的强度和密封性,并为穿越单项工程的竣工验收提供依据,复验是目前保证管道安全的最后一道检验措施,主要包括强度试验、严密性试验、清管、干燥等。

二、顶管

顶管施工是继盾构施工之后而发展起来的一种地下管道施工方法,它不需要开挖面层,并且能够穿越公路、铁道、河川、地面建筑物、地下构筑物以及各种地下管线等。顶管法施工就是在工作坑内借助顶进设备产生的顶力,克服管道与周围土壤的摩擦力,将管道按设计的坡度顶入土中,并将土方运走。一节管道全部顶入土层之后,再下第二节管道继续顶进。其原理是借助于主顶油缸及管道间、中继间等推力,把工具管或掘进机从工作坑内穿过土层一直推进到接收坑内吊起。管道紧随工具管或掘进机后,埋设在两坑之间,以期实现非开挖敷设地下管道的施工方法。

顶管的技术工艺流程为:测量放线→设备安装→设备试运行→初始顶进→续接顶进→测量与纠偏。

1. 测量放线

使用全站仪或经纬仪放出工作坑开挖边线,用水准仪测出工作坑现况地面标高,并在工作坑附近测设施工水准点,计算开挖深度。

2. 设备安装

包括地面设备安装及地下设备安装。

3. 设备试运行

对全部设备进行检查并经过试运转合格方可顶进。

4. 初始顶进

(1) 顶进开始时,应控制主顶泵的供油量,待后背、顶铁、油缸各部位接触密合后,再加大油量正常顶进。

(2) 进排泥管连接宜采用卡箍式,安装在顶进管内底部的两侧,进、排泥泵附近及续接管处用软管连接。

(3) 根据土质和地下水情况,顶进一段后可拆除止退装置、防转装置。

5. 续接顶进

(1) 当工具管顶入洞内,尾部外露 300 mm 时,将第一节管吊到导轨上,检查管子的中心、前端和后端的管底高度,合格后与掘进机头(或工具管)准备插接。

(2) 续接管前将"O"型橡胶圈套到插口上,抹好硅油,将橡胶圈推到位,插接过程中保证钢套环的同轴度,续接管与前管的承口插接好后,橡胶圈不得露出管外。

(3) 随着顶进管道里程的增加,泥水系统的输送阻力增大,使机头进泥流量、压力减小,应及时调整管路中流量与压力,使泥水压力满足顶进要求。必要时应增加接力进、排泥泵。

6. 测量与纠偏

(1) 工作坑内的测量方向控制点、高程点应设在不易扰动、通视的边壁上。

(2) 工具管起导向作用,要求质量高,在顶进过程中需加强观测。

(3) 每顶进 50~60 m 需对整个管段接口处进行中线和高程复测。

(4) 纠偏时,及时调节刀盘旋转方向,消除小转角,调节机头,纠偏油缸伸缩量,做到"勤纠、缓纠、慢纠",顶进过程中及时绘制中线、高程及顶力曲线,以利指导顶进纠偏工作。

三、非开挖施工注意事项

1. 围护

(1) 靠公路侧设置轮胎或土堆隔离带。

(2) 围护警示线距离坑边 2 m 以上。

(3) 设置硬围护,材料有脚手架、竹竿。硬围护高度不低于 1.2 m。

2. 警示标识

(1) 禁止非施工人员进入、靠近现场。

(2) 顶管现场位于公路边上,应在距离顶管 50 m 位置设置警示牌。

(3) 夜间应在施工点设置红灯警示。

3. 消防设施

施工现场要配备灭火器,置于发电机附近。

4. 环保措施

(1) 施工期间产生的污油、污水、废液等应设置专用回收装置;在油压系统下应设隔油层,以免造成污染。

(2) 采取降噪措施使机械噪声量控制在允许范围之内,防止噪声扰民。

(3) 采用密闭式车辆运土,在现场出入口处设立清洗设备,对出场车辆进行冲洗,不准带泥上路,以防污染公共道路及扬尘。

附录三　燃气工程中常用表格

附表1　现场勘验记录（样表）

建设单位：	工程名称：
施工单位：	工程地点：
计划开工日期：	计划竣工日期：

主要工程内容：

工程量：

现场情况：

调压器、表具型号、数量：

	序号	名　称	是否完善	备注
开工准备工作情况	1	施工方案	完善	见施工组织设计
	2	施工进度表	完善	见施工组织设计
	3	材料表	完善	见设计图纸
	4	施工机具	完善	见施工组织设计
	5	施工技术交底	完善	见技术交底
	6	文明施工教育	完善	见技术交底
	7	施工安全教育	完善	见技术交底
	8	现场勘验情况		

编制人：	工程负责人：	施工单位（章）
年　月　日	年　月　日	年　月　日

监理单位意见	（章）　　　　　　　　　　　　　　　　　　　　　　　　　　　　　专业监理工程师（签字）　　　　　　　　　年　月　日

附表 2　施工现场用电安全技术交底(样表)

安全用电交底记录表		编　号	
工程名称		交底日期	

1. 工程开工前必须办理临时用电作业票,并指定专人负责。

2. 电工必须持证上岗,操作时必须穿戴好各种绝缘防护品,不得违规操作。

3. 施工前班组长认真检查配电箱内的控制开关设备是否齐全有效,漏电保护器是否可靠,发现问题应及时派电工解决处理,配电箱不合格不得施工。

4. 施工前应仔细检查用电设备接零保护线端子有无松动,严禁赤手触摸一切绝缘导线。

5. 严格执行安全用电规范,凡一切属于电气维修、安装的工作,必须由电工操作,严禁非电工进行作业。

6. 电工操作人员应严格执行电工安全操作规程,对电气设备工具应定期检查和试验,凡不合格的电器、工具应停止使用。

7. 电工人员严禁带电操作,线路上严禁带负荷接线,并应正确使用电工工具。

8. 电气设备的金属外壳必须做接零或接地保护,在配电箱内必须安装漏电保护器实行两级漏电保护。

9. 电气设备所用熔断丝,禁止用其他金属丝代替,并且应与设备容量相匹配。

10. 施工现场内严禁使用塑料线,所用绝缘导线型号及截面必须符合临电设计。

11. 当发生电器火灾时应立即断开电源,用干粉灭火器灭火,严禁使用导电的灭火剂灭火。

12. 凡移动式照明,必须使用安全电压。

13. 其他需补充交底内容:

交底人	
接受交底人	

附表3 测量放线技术交底(样表)

技术交底记录表		编　号	
工程名称		交底日期	

1. 拿到图纸后,仔细阅读施工概况及要求说明,对施工工艺进行了解、掌握。
2. 按照图纸要求对中压燃气管道进行放线。
3. 使用白石灰放线时,需佩戴好手套及防护眼镜,避免伤害到眼睛和手部;同时,在施工现场,各家施工单位同时作业,现场杂乱时,要注意人身安全。
4. 使用木桩放线时,需掌握钉锤的正确使用方法,使用前仔细检查钉锤的牢固性,避免钉锤伤人伤己。
5. 现场定位放线完成后,在现场做好固定标记,避免放的线遗失。
6. 定位放线时,严禁酒后作业,定位放线完成后由监理公司现场确认,并做好施工程序的报验。
7. 工程进场施工前,作业班组必须办理放线技术交底记录表。
8. 已完成放线并经监理单位验收后,方能进行沟槽开挖及管道安装工作。
9. 在施工过程中,需不断对开挖的沟槽或安装的管道进行管位复核,做到按图施工。
10. 放线过程中需对工程隐性障碍进行排查,特别是埋地管道与其他管线垂直交叉位置处。
11. 施工现场需补充交底内容:

交底人	
接受交底人	

附表 4　沟槽开挖技术交底(样表)

技术交底记录表		编　号	
工程名称		交底日期	

　　1. 管道沟槽按照设计所定的平面位置和标高开挖。无地下水时,槽底预留值为 0.05～0.10 m;有地下水时,槽底预留值为 0.15 m,管道安装前人工清底至设计标高。

　　2. 管沟梯形槽的槽底宽度及上口宽度需根据管径大小及挖深情况按照规范进行。

　　3. 用作地下钢管固定口焊接、探伤、防腐的接口工作坑,在布管前开挖,其放坡角度至少为45°,必要时采用支撑加固沟壁。

　　4. 沟底有废旧构筑物、硬石、木头、垃圾等杂物时,清除后铺一层厚度不小于 0.15 m 的砂土或素土并平整夯实。

　　5. 对软弱管基及特殊性腐蚀土壤,按设计要求处理。

　　6. 管沟开挖时不可两边抛土,应将开挖的土石方堆放到布管的另一侧,且堆土距沟边不得小于 0.5 m;管沟应保持顺通,符合直线要求。

　　7. 当开挖管沟遇到地下构筑物及其他障碍设施时,与其产权单位协商,制定安全技术措施,并派人到现场监督。

　　8. 对开挖的沟槽做好全封闭式的围挡,对有行人通过的沟槽必须做好便桥的搭设。

　　9. 开挖后的沟槽经监理单位验收完成后方能进行下一道工序的施工,不得擅自进行施工。

　　10. 沟槽开挖的挖机驾驶员必须持证上岗。

　　11. 其他需补充交底内容:

交底人	
接受交底人	

附表 5　PE 管焊接施工技术交底(样表)

技术交底记录表		编　　号	
工程名称		交底日期	

1. 在寒冷气候(-5 ℃以下)和大风环境下进行连接操作时,应采取保护措施,或调整连接工艺。

2. 一般情况下,De<90 的 PE 管采用电熔连接;De≥90 的 PE 管采用热熔连接。

3. PE 管管材外观不得有磕、碰、划伤,伤痕深度不得超过管材壁厚的 10%,PE 管现场搬运需用非金属绳吊装。

4. 焊接前需用湿抹布清除两对接管头的异物灰尘;每次热熔焊接之前必须测量拖动压力(多次测量取最小值);切屑好的端面不得污染(严禁用手、手套等进行擦拭)。

5. 置于机架卡瓦内的两焊接管材的轴线与机架中心线处于同一高度,必要时机架以外部分使用支撑物托起。

6. 置入铣刀后,先打开铣刀电源再合拢两端管头,切屑连续完整为合格,切削后先撤掉压力,略等片刻,退开活动架,关闭铣刀电源。

7. 两管头焊前合拢时检查:两管端的错边量不能超过壁厚的 10%,两管端之间的间隙不能超过 0.3 mm。

8. 热熔连接时,加热时间、加热温度以及保压、冷却时间,均应符合热熔连接机具生产厂和管材规定。

9. 焊后外观检查:焊口翻边均匀、对称、高度适中,焊缝最低点高于管材表面。

10. 电熔连接机具与电熔管件应正确连通,连接时,通电加热的电压和加热时间应符合电熔连接机具和电熔管件生产厂家的规定。

11. 聚乙烯燃气管道连接时,管端应洁净;每次收工时,管口应临时封堵。

12. 聚乙烯燃气管道与金属管道连接时,必须采用钢塑过渡接头连接;钢塑过渡接头钢管端与钢管焊接时,应采取降温措施。

13. 焊接人员必须持证上岗,对焊接完成后的焊缝必须进行编号,同时抽查刨边。

14. 施工现场需补充交底内容:

交底人	
接受交底人	

附表6　隐蔽工程技术交底(样表)

技术交底记录表		编　号	
工程名称		交底日期	

　　1. 燃气管道应在沟底标高和管基质量检查合格后，方准敷设。

　　2. 聚乙烯燃气管道宜蜿蜒状敷设，并可随地形弯曲敷设。

　　3. 燃气管道敷设时，宜随管道的走向埋设金属示踪线；距管顶 0.3～0.5 m 处应平整埋设警示带，警示带上应标醒目的提示字样。

　　4. 聚乙烯燃气管道下管时，应防止划伤、扭曲或过大地拉伸和弯曲。

　　5. 3PE 防腐螺旋缝钢管在下沟槽前，需对管道进行 100％电火花检测，下沟后再次进行电火花检测，并同时报监理单位验收，验收合格后方能进行下一道施工工序。

　　6. 对需隐蔽的管道，检查管口是否进行封堵，要求做好封堵工作。

　　7. 对需回填黄砂的工程，须将黄砂回填到要求位置。不得对沟槽进行回填土后再回填黄砂。若经检查发现不符合要求，需进行返工。

　　8. 管道焊接每次收工时，敞口管端应临时封堵：晴天施工时，可用干布或尼龙带包扎管端；阴雨天施工时，需在聚乙烯燃气管敞开端用管帽封堵，钢管直接焊接堵板进行封堵，避免进水及杂物。

　　9. 其他需补充交底内容：

交底人	
接受交底人	

附表7 回填技术交底(样表)

技术交底记录表		编　号	
工程名称		交底日期	

1. 沟槽回填时先填实管底,再同时填实管道两侧,然后回填至管顶以上 0.5 m 处(未经检验的接口应留出)。如沟内有积水,全部排尽后再行回填。沟槽未填部分在管道检验合格后及时回填。

2. 沟槽的支撑在保证施工安全的情况下,按回填进度依次拆除,拆除竖板后以砂土填实缝隙。

3. 管道两侧及管顶以上 0.5 m 内的回填土,不得含有碎石、砖块、垃圾等杂物。不得用冻土回填。距离管顶 0.5 m 以上的回填土内允许有少量直径不大于 0.1 m 的石块。在距路面 0.3 m 时,敷设警示带后再回填。

4. 对回填土进行分层夯实,每层厚度 0.2~0.3 m,管道两侧及管顶以下 0.5 m 内的填土用人工夯实,当填土超出管顶 0.5 m 时,使用小型机械夯实,每层松土厚度为 0.25~0.4 m。

5. 回填土应分层检查密实度,密实度不得低于原地基天然土密实度的 95%。

6. 回填前需及时报验 GIS 测绘,对有牺牲阳极的工程,需在回填前报牺牲阳极施工单位进场施工。

7. 对回填完成后的管段,需与道排施工单位或建设单位进行移交,移交采用纸质形式,并落实签名。

8. 其他需交底补充内容:

交底人	
接受交底人	

附表 8　施工环境技术交底(样表)

技术交底记录表		编　　号	
工程名称		交底日期	

1. 噪声控制

(1) 在居民生活区附近施工时,严禁在休息时间内产生大分贝噪音;

(2) 施工前对机械设备进行检查、检修、维护工作,对机械操作人员进行交底,对机械故障及时采取措施,防止噪音超标。

2. 固体废物控制

(1) 生产废料:施工现场产生的废弃焊条、焊丝残余部分,施工配件的包装材料等固体废物,要及时回收和处理,确保不发生环境污染问题,同时,现场内不得随意乱扔包装用品,不得焚烧塑料包装制品;

(2) 生活垃圾:在施工现场用餐产生的生活垃圾,不得随意丢弃,由专人负责清理工作区域环境卫生,确保施工环境。

3. 火灾控制

施工现场的易燃易爆物品要分类存放,由专人负责管理、分发、使用;炎热季节,氧气瓶、乙炔瓶要搭设遮凉棚并按要求分开存放使用;现场防火用品、用具等设施齐全,防火机构健全,职责明确,保证火灾事故发生时,能够迅速得到有效控制,杜绝重大火灾事故的发生。

4. 其他需交底补充内容:

交底人	
接受交底人	

附表9　高空作业技术交底(样表)

技术交底记录表		编　号	
工程名称		交底日期	

1. 现场安全员上岗前应检查的工作:① 身体状况:头痛、感冒、身体不舒服、酒后人员严禁登高作业。② 气候条件:风力5级以上,雷雨天气不能施工。③ 人员条件:必须有良好的心理及身体素质,体重宜60公斤以下,血压、心脏和视力良好。④ 设备条件:部分吊绳丝股断裂应立即更换。

2. 登高作业前,施工人员必须对所有高空作业设备的有效性进行确认。如:电气设备、工具、电线电缆、配电箱、操作绳是否牢固进行检查,确认合格后方可施工。

3. 操作绳(主绳)、保险绳(副绳)必须分开固定,靠沿口处要加垫软物,防止因磨损而绳断,绳子下端一定要接触地面,放绳人同时也要系临时安全绳。

4. 施工人员上岗前劳保穿戴齐全。上岗时要系好安全带、保险锁(保险绳上),系好卸扣(操作绳上),同时坐板扣子要打紧、固定死。

5. 现场安全员要检查安全绳牢靠程度,注意操作绳、保险绳的松紧,有无绞绳及串绳等现象,同时全程看护施工人员下绳。高空作业应避开高温时间段。

6. 登高作业时,严禁上下投掷工具、材料和杂物等,所有工具应放入工具包内并且放置牢固,上下时手中严禁拿物件,防止高空坠落。

7. 施工现场做好安全文明施工:操作区域下方必须设置警戒区域并用彩旗进行围挡、摆放文明施工牌,提示来往行人注意安全。

8. 接电用电必须通过专用配电箱进行,现场电线要有专用的插头,严禁用电线直接插进插座眼内,配电箱须有漏电保护装置,保证用电设备完好无损。

9. 登高作业中,作业人员若有任何身体不适或异常、突遇大风暴雨、发现有设备漏电现象及其他突发情况必须立即停止登高作业。

10. 加强日常性安全生产监督检查,发现问题及时协调解决,对存在的重大安全问题及时上报。

11. 其他需交底补充内容:

交底人	
接受交底人	

附表10 调压器基础施工过程控制表(样表)

施工工序	工序要求	检查结果	施工员	作业班组	检查时间
放 线	按图施工				
开 挖	挖至原土层				
浇筑垫层	100 mm 厚 C10 混凝土				
370 砖墙	高 360 mm				
240 砖墙	高出地面标高 300 mm				
墙体粉刷	均匀美观				
基础顶部	素混凝土找平				
基础内填砂	高出阀柄上方 50 mm				
散水	素土夯实,60 mm 厚 C15 混凝土				
施工流程		调压器基础大样图(mm)			
① 放线:确定调压器平面位置; ② 开挖:挖至设计标高或原土层; ③ 浇筑垫层:100 mm 厚 C15 混凝土; ④ 砌筑砖基础:砌筑三七墙高 360 mm,砌筑二四墙高出地面标高 300 mm,红砖砌筑 24 小时前应浇水湿润,砂浆饱和度至少 80% 以上,M5 砂浆配合比约为 1:7(质量比); ⑤ 粉刷:用水泥砂浆双面粉刷,粉刷均匀美观; ⑥ 管道施工验收合格后,基础内填黄沙; ⑦ 散水施工:素土夯实,60 mm 厚 C10 混凝土,15 mm 厚 1:2.5 水泥砂浆。		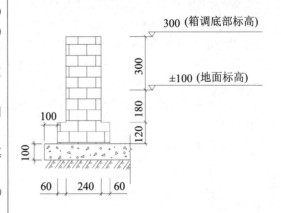			

项目技术负责人:_____ 　　　作业班组:_____

附表 11 PE 阀门井施工过程控制表(样表)

施工工序	工序要求	检查结果	施工员	作业班组	检查时间
夯实土	素土夯实				
垫 层	200 mm 厚 C15 混凝土				
模块墙体	圆形砌块,勾缝				
阀门井盖	水泥砂浆座浆且严实				
填 砂	高出阀柄上方 50 mm				

施工流程

① 基础下素土夯实;② 浇筑 200 mm 厚 C15 混凝土垫层;③ 混凝土模块基础:墙体砌筑(圆形);④ 模块浇筑细石混凝土,并振捣密实;⑤ 回填黄砂至放散管阀柄上 50 mm;⑥ 阀门井盖安装(应用水泥砂浆座浆,且要严实)。

PE 阀门井大样图(mm)

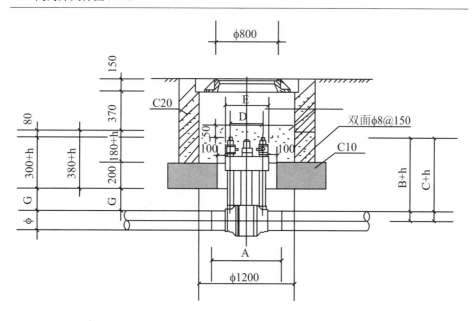

项目技术负责人:_____   作业班组:_____

附表 12　钢制阀门井施工过程控制表(样表)

施工工序	工序要求	检查结果		施工员	作业班组	检查时间
垫 层	100 mm 厚 C15 混凝土					
底 板	200 mm 厚 C20 混凝土（集水坑 400 mm×400 mm×500 mm）					
模块基础	根据井深设置爬梯					
基础粉刷	防水砂浆内外粉刷					
止水环	套管内外防水封堵					
顶 板	200 mm 厚 C20 钢筋混凝土					
阀门井盖	水泥砂浆座浆且严实					
法兰连接参数	说明:参数包括法兰片的平行度、金属缠绕垫片同心偏差值。	放散阀1	放散阀2	法兰1	法兰2	法兰3
施工流程		钢制阀门井大样图(mm)				

施工流程	钢制阀门井大样图(mm)
① 浇筑垫层:100 mm 厚 C15 混凝土; ② 浇筑底板混凝土:200 mm 厚 C20 混凝土; ③ 混凝土模块砖:墙体砌筑（方形）、管道穿墙加套管、止水环并封堵; ④ 浇筑细石混凝土,并振捣密实; ⑤ 粉刷:内外用防水砂浆粉刷; ⑥ 吊装阀门井顶板(提前预制的钢筋混凝土板); ⑦ 砌筑颈圈; ⑧ 安装阀门井盖(应用水泥砂浆座浆,且要严实)。	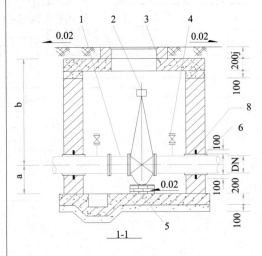

项目技术负责人:_____　　作业班组:_____

附表 13　PE 管安装自检表(样表)

工程量	沟槽	管道敷设	管道回填	吹扫、试压	钢弯	报验日期

调压器基础		调压器安装、防腐	
阀门井砌筑		凝水缺安装	
接气点数量		接气方式	

作业班组：　　　　　施工员：　　　　　日期：

附表14 钢管安装自检表(样表)

工程量	沟槽	管道敷设	管道回填	吹扫、试压	钢弯安装	报验日期

调压器基础		调压器安装、防腐	
阀门井砌筑		电火花检测	
接气点数量		接气方式	

班组：　　　　施工员：　　　　日期：

附表15 动火安全作业许可证(样表)

☐ 特殊危险动火
☐ 一级动火
☐ 二级动火

作业单位		动火负责人	
动火地点		动火方式	
动火内容			
动火人		证　号	
监火人		监火人职务(岗位)	
动火期限	年　月　日　时　分起		年　月　日　时　分止

风险分析和安全措施	安全措施(注意事项):	分析时间	浓度(%)	分析人	审批人
	安全措施确认人:				

动火申请单位安全部门负责人签字(二级动火):

动火申请单位分管安全负责人签字(一级动火):

公司分管安全领导签字(特殊危险动火):

动火地点生产岗位班长验票签字(生产与动火作业协调):

附表 15 背面　动火作业风险分析和安全措施

序号	风险分析	安全措施	选项 √
1	系统未彻底隔绝	用盲板彻底隔绝	
2	系统内存在易燃易爆物质	进行置换、冲洗至分析合格	
3	周围 15 m 内或下方有易燃物	清除易燃物	
4	现场通风不好	打开门窗,必要时强制通风	
5	风力 5 级以上	禁止露天动火	
6	高处作业	系安全带,办高处作业证	
7	高处作业火花飞溅	采取围挡措施	
8	塔、油罐、容器等设备内动火	爆炸分析和含氧量测定合格后方可动火。动火人必须先在设备外进行设备内打火试验后方可进入设备	
9	动火人和监火人不清楚现场危险情况	作业前必须进行安全教育	
10	动火现场无消防灭火措施	选择配备:灭火器( )台;砂子( )公斤、铁锹( )把等	
11	电气焊工具不安全	检查电气焊工具,确保安全可靠	
12	氧气瓶、乙炔气瓶间距不够	间距必须大于 5 m	
13	氧气瓶、乙炔气瓶与动火地点间距	间距必须大于 10 m	
14	乙炔瓶卧放	必须直立摆放	
15	氧气瓶,乙炔气瓶在烈日下曝晒	夏季采取防晒措施	
16	电焊回路接线不正确	回路线接在焊件上,不应穿过下水井或与其他管道、设备搭火	
17	动火设备可能存在无法彻底置换的易燃物	动火设备通过蒸汽(或氮气)进行动火	
18	电缆沟动火	清除易燃物,必要时将沟两端隔绝	
19	监火人离开	动火人停止作业	
20	动火人违反安全操作规程	监火人停止其作业	
21	动火点周围出现危险品泄漏	立即停止作业,人员撤离	
22	作业结束现场留有火种	清理火种(监火人落实)	
23	现场有杂物	清理现场	
24	带气动火作业时,管道内必须保持正压	其压力应控制在 200~500 Pa	
补充措施			

附表 16　有限空间安全作业许可证

申请部门		受限空间(设备)名称		
作业部门		作业负责人		
作业人员		安全监护人		
作业内容				
作业时间	年　月　日　时至		年　月　日　时止	

风险分析和安全措施：

分析作业	取样时间	取样部位	合格标准	分析结果	分析人
受限空间氧含量			19.5%～21%		
有毒气体名称					
可燃气体名称					
其　他					
安全措施确认人	签名：		岗位班长	签名：	
作业负责人	签名：　　　　　　　年　月　日				
作业单位安全部门负责人	签名：　　　　　　　年　月　日				

附录 16 背面　有限空间风险分析和安全措施

序号	风险分析	安全措施	选项 √
1	作业人员身体状况不好	体质较弱的人员不宜入内	
2	作业人员不清楚现场危险	作业前进行安全教育	
3	系统内存在危险品	进行置换、冲洗至分析(提前 30 min)合格,涂刷具有挥发性溶剂的涂料时应连续分析	
4	系统未隔绝	所有连通生产管线阀门必须关死,不能用盲板或拆卸管道彻底隔绝的须经安全部门批准	
5	存在搅拌等转动设备	切断电源,并悬挂警示标志	
6	通风不好	打开入孔、手孔、料孔、风门、烟门等,必要时强制通风,不准向内冲氧气或富氧空气	
7	高处作业	办理高处作业证	
8	需动火时	办理动火作业证	
9	监护不足	指派专业人员监护,并坚守岗位;险情重大作业,应增设监护人员	
10	不佩戴劳动防护用品	按规定佩戴安全带(绳)等防护用品	
11	易燃易爆环境	使用防爆低压灯具(干燥器内为 36 V,潮湿或狭小容器内 12 V)和防爆电动工具,禁止使用可能产生火花的工具	
12	使用的设备、工具不安全	检查,确保安全可靠	
13	未准备应急用品	备有空气呼吸器、消防器材、清水等应急用品	
14	内外人员联络不畅	正常作业时,内外可通过绳索互通信号或配备可靠的通讯工具	
15	人员进出通道不畅	检查,确保安全可靠	

续表

序号	风险分析	安全措施	选项√
16	无事故情况下的应急措施	工作者感到不适,要连续不断地扯动绳索或使用通讯工具报告,并在监护人员协助下离开。发生事故时监护人员要立即报告,救护人员必须做好自身防护方可入内实施抢救	
17	吊拉物品时滑脱	可靠捆绑,固定	
18	交叉作业	采取互相之间避免伤害的措施	
19	抛掷物品伤人	不准抛掷物品	
20	出现危险品泄露	立即停止作业,撤离人员	
21	作业人员私自卸去安全带、防毒面具,或违反安全规程	监护人员立即令其停止工作	
22	作业后罐内或现场有杂物	清理	
23	窨井、下水道,污泥含有硫化氢或其他毒物	按规定佩戴安全带(绳)、防毒面具等	
补充措施			

附表 17　高处作业安全许可证(样表)

☐ 一级高处作业
☐ 二级高处作业
☐ 三级高处作业
☐ 特级高处作业

申请部门		申请人	
作业地点			
作业时间	年　月　日　时起,至　年　月　日　时止		
作业内容		作业高度	
		作业类别	
风险分析和安全措施			
作业人员（签字）	作业人：		
	监护人：	作业负责人：	

一级高处作业审批意见：

　　　　　作业单位安全部门：　　　　　年　月　日

二(三)级高处作业审批意见：

　　　　　单位分管安全负责人：　　　　　年　月　日

特级高处作业审批意见：

　　　　　分管安全副总经理：　　　　　年　月　日

附表17背面 高处作业风险分析和安全措施

序号	风险分析	安全措施	选项√
1	作业人员身体状况不好	患有职业禁忌症或年老体弱、疲劳过度、视力不佳及酒后人员等,不准进行高处作业	
2	作业人员不清楚现场危险状况	作业前必须进行安全教育	
3	监护不足	指派专人监护,并坚守岗位	
4	未佩戴劳动防护用品	按规定佩戴安全带等,能够正确使用防坠落用品与登高器具、设备	
5	在危险品生产、贮存场所或附近有放空管线的位置作业	事先与施工地点所在单位负责人或班组长(值班主任)取得联系,建立联系信号	
6	材料、安全绳等器具、设备不安全	检查材料、器具、设备,必须安全可靠	
7	上下时手中持物(工具、材料、零件等)	上下时必须精神集中,禁止手中持物等危险行为,工具、材料、零件等必须装入工具袋	
8	带电高处作业	必须使用绝缘工具或穿均压服	
9	现场噪音大或视线不清楚等	配备必要的联络工具,并指定专人负责联系	
10	上下垂直作业	采取可靠的隔离措施,并按指定的路线上下	
11	易滑动、滚动的工具、材料堆放在脚手架上	采取措施防止坠落	
12	登石棉瓦、瓦棱板等轻型材料作业	必须铺设牢固的脚手板,并加以固定,脚手板上要有防滑措施	
13	抛掷物品伤人	不准抛掷物品	
14	作业后高处或现场有杂物	清理	
补充措施			

附表18 吊装安全作业票证(样表)

□一级吊装作业
□二级吊装作业
□三级吊装作业

吊装地点		吊装工具名称	
吊装人员		特种作业证号	
吊装指挥		安全监护人	
作业时间	年　月　日　时至　　年　月　日　时止		
吊装内容(包括规格、重量)			
风险分析和安全措施			
项目单位:			
施工单位:		施工单位安全负责人:	

管理部门审批意见:

　　　批准人:　　　　　　　　　　　年　　月　　日

注:一、《吊装安全作业票证》的管理部门:
　《吊装安全作业票证》由安全保卫科负责管理。
二、吊装作业按吊装重物的质量分为三级:
　1.吊装重物的质量大于20 t时,为一级吊装作业;2.吊装重物的质量在5 t至10 t时,为二级吊装作业;3.吊装重物的质量在1 t至5 t时,为三级吊装作业。
三、需办理《吊装安全作业票证》的施工条件:
　1.吊装质量大于2.5 t的重物,应办理《吊装安全作业票证》,或吊装不足2.5 t,但形状复杂、刚度小、精密贵重,以及在作业条件特殊的情况下,也应办理《吊装安全作业票证》。
　2.吊装质量大于等于20 t的重物和设备,应编制吊装作业方案;吊装物体虽不足20 t,但形状复杂、刚度小、长径比大、精密贵重,以及在作业条件特殊的情况下,也应编制吊装作业方案、施工安全措施和应急救援预案。
　3.办理《吊装安全作业票证》前,车队应按照国家标准规定及特种设备检查制度对吊车设置进行检查。
　4.作业人员(指挥人员、驾驶员)应持有有效的《特种作业人员操作证》,方可从事吊装作业。
　5.同一吊装位置、同一作业内容办理一张《吊装安全作业票证》,当作业环境改变时,应重新办理《吊装安全作业票证》。严禁涂改、转借《吊装安全作业票证》,严禁变更作业内容、扩大作业范围或转移作业部位。
　6.《吊装安全作业票证》保存期限至少为2年。

附表 18 背面　吊装作业风险分析和安全措施

序号	风险分析	安全措施	选项
1	作业人员不清楚现场危险状况	作业前必须进行安全教育	
2	吊装质量大于等于 20 t 的物体；吊物质量虽不足 20 t，但形状复杂、刚度小、长径比大	编制吊装施工方案，并经工程和安全部门审查，报主管领导	
3	监护不足	指派专人监护，并坚守岗位，非施工人员禁止入内	
4	不佩戴劳动防护用品	按规定佩戴安全帽等防护用品	
5	与生产现场联系不足	应事先与车队负责人或班长取得联系，建立联系信号	
6	无关人员进入作业现场	在吊装现场设置安全警戒标志	
7	夜间作业	必须有足够的照明	
8	室外作业遇到大雪、暴雨、大雾及六级以上大风	停止作业	
9	吊装设备设施带病使用	检查起重吊装设备、钢丝绳、揽风绳、链条、吊钩等各种机具，必须保证安全可靠	
10	指挥联络信号不明确	必须分工明确、坚守岗位，并按规定的联络信号，统一指挥	
11	将建筑物、构筑物作为锚点	经工程处审查核算并批准	
12	周围有电气线路	吊绳索、揽风绳、拖拉绳等避免同带电线路接触，并保持安全距离	

续表

序号	风险分析	安全措施	选项
13	人员随同吊装重物或吊装机械升降	采取可靠的安全措施,并经过现场指挥人员批准	
14	利用管道、管架、电杆、机电设备等做吊装锚点	不准吊装	
15	悬吊重物下方站人、通行和工作	不准吊装	
16	超负荷或物体质量不明	不准吊装	
17	斜拉重物、重物埋在地下或重物紧固不牢,绳打结、绳不齐	不准吊装	
18	棱刃物体没有衬垫措施	不准吊装	
19	安全装置失灵	不准吊装	
20	用定型起重吊装机械(履带吊车、轮胎吊车、轿式吊车等)进行吊装作业	遵守该定型机械的操作规程	
21	作业过程中盲目起吊	必须先用低高度、短行程试吊	
22	作业过程中出现危险品泄漏	立即停止作业,撤离人员	
23	作业完成后现场有杂物	清理现场	

补充措施

附表 19　临时用电作业许可证(样表)

施工单位		生产单位	场所所在单位名称
作业地点	具体作业地点		
作业内容	××××工程管道安装设备设施/照明等临时用电		
工作条件	停电/不停电	电压等级	V
作业时间	自　年　月　日　时　分至　年　月　日　时　分		
电工人员及证件号码	姓名	操作证件号码	姓名	操作证件号码
现场负责人		现场监护人	
风险分析及安全措施	附背面(风险与措施须根据现场情况进行勾选及补充)		
作业负责人意见	签字：　　　　　年　月　日		
项目经理意见	签字：　　　　　年　月　日		
安全部门意见	签字：　　　　　年　月　日		
生产单位意见	签字：　　　　　年　月　日		

附表19背面 临时用电风险分析和安全措施

序号	风险分析	安全措施	选项√
1	作业人员作业前未经安全教育	进行作业前进行安全教育与安全技术交底	
2	未按规定佩戴劳动防护用品	佩戴安全帽等防护用品	
3	在危险场所接电时,与生产现场联系不足	与有关操作人员建立联系,现场不安全时操作人员要通知作业人员撤离	
4	警示标志不足	设置护栏、盖板或警示标志	
5	不佩戴劳动防护用品	按规定佩戴劳动防护用品	
6	一人作业	电工人员在作业时至少要2人以上	
7	设备、工具不合格	提前检查,必须合格	
8	作业地点处于易燃易爆场所	禁止能产生火花的作业,否则应同时办理动火证	
9	作业过程中暴露出电缆、管线和不能辨认的物品	停止作业,请专业人员辨认	
10	作业过程中出现危险品泄漏	停止作业,人员撤离	
11	作业后现场有杂物	清理现场	
补充措施			

附表20 深基坑开挖作业安全许可证(样表)

☐ 一级开挖作业
☐ 二级开挖作业
☐ 三级开挖作业
☐ 特级开挖作业

申请部门		申请人	
作业地点	详细填写深基坑作业点		
作业时间	年 月 日 时起,至 年 月 日 时止		
作业内容	管基/设备(阀门、调压器)基坑开挖	作业深度	实际开挖高度
		作业类别	机械开挖/人工开挖
风险分析和安全措施	附背面(风险与措施须根据现场情况进行勾选及补充)		
作业人员（签字）	作业人:作业人员逐一签字		
	监护人:	作业负责人:	
所在部门审批（一级开挖作业）	安全员:		
	负责人:		

二级开挖作业审批意见：

　　　　　　　　　　安全部门负责人：　　　　　　年　月　日

三级开挖作业审批意见：

　　　　　　　　　　分管负责人：　　　　　　　　年　月　日

特级开挖作业审批意见：

　　　　　　　　　　公司负责人：　　　　　　　　年　月　日

附表20背面 深基坑开挖作业风险分析和安全措施

序号	风险分析	安全措施	选项 √
1	作业人员作业前未经安全教育	进行作业前进行安全教育及安全技术交底	
2	未按规定佩戴劳动防护用品	佩戴安全帽等防护用品	
3	设备、工具不合格	提前检查,设备、工具必须牢固,运行正常	
4	警示标志不足	设置护栏、盖板或警示标志,夜间应设置红灯	
5	开挖地点存在电线、管道等地下隐蔽设施	要求相关部门、单位予以地下设施交底	
		挖机开挖作业时有专人监护	
		开挖出的隐蔽设施应及时通知相关单位并予以保护	
6	多人同时作业	作业人员须相距在 2 m 以上,防止工具、设备伤人	
7	边坡失稳、土方坍塌	在距基坑边 1 m 以外进行堆方,堆方高度不得超过 1.5 m	
		遵循"开槽支撑,先撑后挖,分层开挖,严禁超挖"的原则	
		合理控制挖土速度	
		专人进行基坑变形观察,确保基坑及周边环境的稳定与安全	
8	地下水浸泡基坑	及时验槽,及时安装,基坑及时回填	
		降排水设备到位并运行正常,设置排水明沟和集水坑,并迅速排除积水	
9	未按专项施工方案实施	严格按专项方案要求实施(包括施工流程、基坑支护、安全措施等)	
补充措施			

附表 21　工程施工作业现场安全检查表

序号	检查项目	类别	检查内容	检查要求	检查结果
1	安全用电				
1.1	配电箱、开关箱	A	配电箱、开关箱有漏电保护,固定牢固,防雨,接地良好	1. 对照项目抽查现场设备设施; 2. 现场考查操作人员、施工员及管理人员相关知识掌握情况; 3. 抽查公司分级检查记录。	
1.2	发电机	B	发电机功率合适,接地良好,转动部分有防护罩		
1.3	熔断器、插座	A	熔断器、插座符合负荷要求,三相插头不得当两相插头使用		
1.4	警示标志	C	用电设备、电源等危险处设立明显警示标志		
1.5	电线	B	电线负荷合适,无破损,无乱拿乱扯,布线规律,连接电线时必须使用剥线钳,严禁火烧胶皮		
1.6	移动手持电工具	A	移动手持电工具绝缘良好、有漏电保护;接线长度符合相关设备要求		
1.7	电焊机	B	电焊机一次线无破损,接头牢固,有效接地		
1.8	空压机	B	空压机机身固定牢固,转动部分加防护罩,出口不得对人或物,胶管结实无破损		
1.9	移动照明	B	移动照明采用安全电压,直接连接必须加漏电保护		
1.10	易燃易爆场所	B	易燃易爆场所采用防爆电器		

续表

序号	检查项目	类别	检查内容	检查要求	检查结果
2	施工安全防护				
2.1	安全帽	A	必须佩戴,且无损坏	1. 对照项目抽查现场设备设施; 2. 现场考查操作人员、施工员及管理人员相关知识掌握情况; 3. 抽查公司分级检查记录。	
2.2	反光衣	B	正确穿戴		
2.3	护眼设备	A	操作砂轮机等飞溅较强的作业时正确佩戴		
2.4	坑、沟防护	A	支护,无塌陷危险,无涌水		
2.5	施工围栏、警示、井盖等	B	围栏、围护齐全,井盖齐全,警示标志清晰准确;施工路段沿线应设置夜间警示灯		
2.6	管道等材料防护	B	施工前和施工中的防护妥当,对管材无损伤		
2.7	防腐使用液化石油气和防腐材料	B	遵守安全操作规程,不得加热瓶体,防护材料不得乱丢		
2.8	市政施工土方处理	C	无占道,无污染,不影响行人		
2.9	工具物料	C	摆放整齐,不碍通行		
3	设备操作工具使用				
3.1	绞牙机、电焊机	A	安全操作,作业人员持证,防护措施得当	1. 抽查现场设备设施及相关记录; 2. 抽查公司分级检查记录。	
3.2	切割用氧气、乙炔	B	间距3~5 m,距火源10 m,防晒防油脂,有回火装置,胶管无破裂。		
3.3	手持砂轮机	A	砂轮片无破损,防护罩无损坏		
3.4	其他工具或设备	C	完好,使用方法正确		

续表

序号	检查项目	类别	检查内容	检查要求	检查结果
4	高处作业				
4.1	管理制度	A	作业票制度管理及执行情况	1.对照项目抽查现场执行情况；2.现场考查操作人员、施工员及管理人员相关知识掌握情况；3.抽查公司分级检查记录。	
4.2	人员	B	酒后、过度疲劳、视力不佳等严禁上岗		
4.3	安全带	A	无破损，安全耐用，有合格证		
4.4	安全监护	B	作业时必须保证有专人监护		
4.5	安全带使用	A	高挂低用，使用专门的安全绳		
4.6	高空工具使用	B	禁止抛接工具，必须使用工具袋		
4.7	安全范围	B	作业下方5 m半径内设置警示标识		
4.8	高空电线距离	B	距离高压线5 m以外，距离低压线3 m以外		
5	现场消防				
5.1	易燃物质的处理	B	焊接周边不得存在易燃物质；发电机、空压机排气口周边3 m内无易燃物质	1.对照项目抽查现场设备设施；2.抽查公司分级检查记录。	
5.2	现场火种管制	B	工地严禁抽烟；严禁生火取暖		
5.3	消防器材	A	工地配置合适数量灭火器、干沙等		
5.4	油漆等物品保管	C	油漆、松节水等易燃物质妥善存放，不得随意丢弃		

续表

序号	检查项目	类别	检查内容	检查要求	检查结果
6	焊接与切割				
6.1	个人防护	B	必须使用个人防护用品用具	1. 抽查现场设备设施； 2. 抽查公司分级检查记录。	
6.2	焊机接地	A	外壳有良好接地		
6.3	连接线	B	一次线完好无损,接头牢度		
6.4	周边防护	B	周边防护良好,防止电弧或火花伤人		
6.5	操作使用	B	不可在母材上引弧,焊夹等不得随处放置		

说明：1. 所列检查项目逐一检查,若检查单位工作范围未包括相关内容或设备,请注明、划除表格检查项目即可；

2. 检查从基础管理制度、规程开始,无管理规定也未进行相关实际工作请注明"管理缺失"；无管理规定但有相关实际工作,请注明"制度、规程缺失"；有管理规定未执行请调查并注明原因(管理制度、操作规程不符合工作实际,工作执行不到位)；

3. 检查结果中应详细注明检查所涉及的人员、设备、资料明细,并对现场进行拍照,便于对检查情况进行追溯核查。

被检查单位 (签字)		检查时间	
检查人员 (签字)			
综合检查 意见：			

参 考 文 献

［1］ 王亚平,康志刚,孙权,等.埋地钢质燃气管道牺牲阳极阴极保护设计[J].煤气与热力,2008,28(1):13-17.
［2］ 王远峰,聂树军.小口径泥水平衡顶管施工若干问题的探讨[J].岩土锚固工程,2007(2):15-18.
［3］ 李公藩.燃气工程便携手册[M].北京:机械工业出版社,2005.
［4］ 池爱君.薄壁不锈钢管在室内燃气工程的应用[J].煤气与热力,2009(8):25-27.
［5］ 陈文,张玉梅,曾令基.燃气薄壁不锈钢管的性能与连接方式比较[J].煤气与热力,2011(6):27-30.
［6］ 张爱凤.燃气供应工程[M].合肥:合肥工业大学出版社,2009.
［7］ 花景新.燃气工程施工[M].北京:化学工业出版社,2009.
［8］ 赵燕.谈燃气调压器的选用及安装[J].山西建筑,2012(14):134-135.
［9］ 霍俊民.埋地式燃气调压装置的设计制造和应用[J].煤气与热力,2003(2):83-85.
［10］ 戴路.燃气输配工程施工技术[M].北京:中国建筑工业出版社,2006.

后　记

感谢您关注本书！我们相信，作为城镇燃气工程施工管理的关注者、从业者、培训者、管理者，您手中的这本手册值得翻阅、借鉴。

作为全国为数不多的省会城市国有独资燃气企业，合肥燃气集团扎根合肥深耕燃气管理、施工、运营三十多年，从液化气到人工煤气，从管道天然气到压缩天然气，从应急气源到加气母站，安全建设运营屡获殊荣，合肥天然气利用工程与鸟巢、水立方等一起荣获詹天佑奖。

创新基于传承，变化源于固化。多年来，合肥燃气集团致力于对既有岗位专业经验进行总结、梳理、沉淀、升华和传播，并将之作为企业最具战略性的投资来管理，形成了一系列以经验型员工为对象，以提炼岗位经验为标准，以内部传承转化为过程，以推动绩效提升为目的的企业软实力建设机制。

本书得以付梓发行，首先要感谢中国科学技术大学出版社的编辑们，正是由于他们的启发和动议，才有了本书公开出版的契机。此间，合肥燃气集团有限公司董事长吴正亚先生就本书编写工作提出了具体的要求和指导意见。本书编写组成员均为合肥燃气集团员工，在燃气行业从业年限平均达20年。本书编写由合肥燃气集团副总经理张家安先生牵头，其中施工技术部分编写由潘孝满负责，关键节点部分编写由杨海华负责，工程通病部分编写由杨浩负责，在编写过程中查阅了三十多种燃气行业规范、文献和指导性文件，通篇反复斟酌修改19遍。此外，安徽建筑大学副教授王造奇、高级工程师李雪飞，合肥燃气集团高级工程师陈允，高级工程师、注册公用设备工程师陈鹏飞，注册咨询工程师陈利民等亦对本书的修改、考证和校核给予了无私的帮助，在此一并致谢。

一家之言，百密一疏。欢迎您对本书提出宝贵的意见和建议，我们的邮箱是 hfrqrlzyc@126.com。

本书编写组

2016年4月6日于合肥